GABRIELE MÜLLER

Miau Katzensprache richtig deuten

Müller
Rüschlikon

Einbandgestaltung: Kornelia Erlewein

Titelbild: Sylvia Born

Bildnachweis:
Alle Bilder stammen von Sylvia Born, www.sylviaborntierfoto.de

ISBN 978-3-275-01782-9

Copyright © 2011 by Müller Rüschlikon Verlag
Postfach 103743, 70032 Stuttgart
Ein Unternehmen der Paul Pietsch Verlage GmbH & Co. KG
Lizenznehmer der Bucheli Verlags AG, Baarerstr. 43, CH-6304 Zug

1. Auflage 2011

Sie finden uns im Internet unter www.mueller-rueschlikon-verlag.de

Lektorat: Claudia König
Innengestaltung: Kornelia Erlewein
Druck und Bindung: Graspo CZ, 76302 Zlin
Printed in Czech Republic

Sieht Ihre Katze auch so aus? Herzlichen Glückwunsch, Sie verstehen kätzisch.

Inhalt

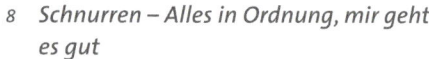

Kapitel 1

Hallo und guten Tag:
Begrüßung und Wohlbefinden

Leises Schnaufen und Schmatzen, ein tiefes Schnurren, das ist alles, was zu hören ist. Kätzin Chantal säugt ihren Wurf. Fünf kleine pelzige Würmchen, die Augen noch geschlossen, kämpfen um einen Platz an Mamas Zitzen. Und wenn sie ihn gefunden haben, dann docken sie an und saugen instinktiv, was das Zeug hergibt.

Schnurren – Alles in Ordnung, mir geht es gut
Kinder, alle mal herhören: Mütterliche Rufe
Gurren zur Begrüßung
Miau ist nicht Miau – aber universell

Wenn die Welpen fiepen, heißt das:
Wir haben Hunger.

Das ist ein rührendes Bild von Mutterglück und Frieden, wie die kleinen grauen und schwarzen Fellbündel nuckeln. Aber wehe, Mama verlässt auch nur für wenige Minuten das Nest, um selbst zu fressen. Schon ist ein jämmerliches Piepsen zu hören.

Das Leben beginnt mit einem Laut. Wenn Katzenkinder auf die Welt kommen, dann sind ihre Augen noch geschlossen und öffnen sich erst nach einigen Tagen, meist bis zum zehnten Tag nach der Geburt. In dieser Zeit sind die kleinen Wesen besonders hilflos und allen Gefahren der Umwelt ausgeliefert. Umso wichtiger ist es, dass sie instinktiv wissen, was zum Überleben nötig ist. Dazu gehört das Saugen an der mütterlichen Milchbar, aber auch die Suche nach dem Schutz und der Wärme von Mutter und Geschwistern mit der Hilfe der piepsenden Kontaktlaute. Wer von der Mutterkatze die Erlaubnis erhält, sich in der Nähe ihrer Wurfkiste oder des von ihr ausgewählten Nestes aufzuhalten, der wird sich bald wundern über die Geräuschkulisse, die hier herrscht. Je mehr Welpen eine Kätzin hat, desto lauter lässt sich das genussvolle Nuckeln und Schmatzen vernehmen, das fast jeden Betrachter ein Lächeln ins Gesicht zaubert, weil es unwillkürlich an Babys erinnert. Und noch etwas weckt in den meisten Menschen sofort den »Mutterinstinkt«: Das hohe, zarte Piepsen oder Fiepen, das eher an Vogeljunge, als an heranwachsende kleine Tiger denken lässt. Instinktiv verstehen auch wir, dass hier der Nachwuchs seine Wünsche äußert und zwar so intensiv und drängend, wie es die kleinen Lungen und Körper nur hergeben. Mit dem Fiepen machen sich die Kleinen gegenüber der Mutter bemerkbar. Das ist anfangs ihre erste und einzige Möglichkeit, zu signalisieren, dass sie etwas wollen. Ähnlich wie bei vielen Tierkindern gilt auch hier: Wer am

Katzenkinder können schnurren beim Saugen. Das beruhigt auch die verunsicherte Katzenmutter.

lautesten schreit, besser gesagt fiept, der hat den größten Hunger – meint er jedenfalls. So wie Caruso, das molligste der Chantal-Kinder. Wie Mütter auf das Weinen ihres Säuglings reagieren, so reagiert auch die Katzenmutter auf das hohe eindringliche Piepen ihrer Welpen.

Sollte sich aus Versehen eines der Kinder zu weit entfernt haben? Hat ein Mensch den pelzigen Zwerg hochgehoben und entführt? Schon wird aus voller Kehle gefiept. Das ruft die Mutter auf den Plan, denn es ist ein eindeutiges Signal für die Kätzin, zur Hilfe zu eilen. »Mama, komm und rette mich«, könnte das wohl heißen. Und auch Chantal bleibt als gute Mutter nicht lange fern. Das Gefiepe von Cindy, Crissy, Carina, Carlo und Caruso lockt sie in Windeseile zurück. Erleichterung macht sich beim Nachwuchs breit: »Sie ist wieder da.« Dieser erste Laut der jungen Katzen ist also auch ein Stück Überlebenssicherung.

Schnurren – Alles in Ordnung, mir geht es gut

Neben dem Miauen ist das Schnurren wohl der Laut, den jeder Mensch sofort mit einer Katze in Verbindung bringt. Tatsächlich ist dieser stimmlose Laut auch nur von den Katzen und einigen wenigen sehr urtümlichen Verwandten bekannt. Geheimnisse gibt uns das Schnurren aber immer noch auf, obwohl es zu den bekanntesten Katzenlauten gehört. Noch ist nicht ganz sicher geklärt, wie und wo es wirklich entsteht.

Dazu gibt es verschiedene Theorien: Vermutet wird, dass der Laut durch ein schnelles Zucken der Kehlkopfmuskeln und des Zwerchfells verursacht wird, das zu niederfrequenten Vibrationen führt. Eine andere Theorie besagt, dass das Schnurren durch Reibung der Atemluft am verknöcherten Zungenbein entsteht. Und dass deshalb die Großkatzen, deren Zungenbeine elastisch sind, nur beim Ausatmen schnurren können.

Alle sind zusammen, die Stimmung ist entspannt.

Stimmfühlungslaute

Das Fiepen der Welpen, aber auch das Schnurren, werden manchmal als so genannte Stimmfühlungslaute bezeichnet. Diese Laute dienen dem Zusammenhalt in der Gruppe, sie bezeugen ein Zusammengehörigkeitsgefühl. Deshalb werden sie auch oft zwischen Eltern und Kindern eingesetzt.

Oder hat das Schnurren womöglich etwas mit »falschen Stimmbändern« zu tun? Hinter den echten Stimmbändern liegen bei den Katzen zwei Hautfalten, die beim Atmen in Schwingung gebracht werden – sind sie die Verursacher? Wer einer schnurrenden Katze den Finger zart auf die Kehle legt, wird merken, wie der Kehlkopf und manchmal auch der ganze Körper vibriert. Unabhängig davon, wie es nun entsteht, was ist nur dran an diesem geheimnisvollen Geräusch, das wir so gerne hören? Und das uns so sehr beruhigt und entspannt?

Sicher ist, dass es sich dabei um einen frühkindlichen Laut handelt. Schnurren können nicht nur die fünf kleinen »Cs«, die Chantal-Kinder, sondern alle Katzenwelpen. Sie signalisieren damit der Mutter Wohlbehagen und Zufriedenheit.

Katzenkinder finden die Zitzen automatisch und saugen.

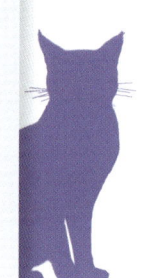

Was bedeutet es wenn ...

Katzen beim Tierarzt schnurren, obwohl sie doch offenbar Angst haben? Katzen schnurren tatsächlich nicht nur, wenn sie sich wohlfühlen: Manche tun es auch dann, wenn sie verletzt sind, Schmerzen verspüren oder große Angst haben – eben beim Tierarztbesuch.
Das hat aber wohl mehr mit Selbstsuggestion zu tun. Also mit einem Sich-selbst-Beruhigen und Sich-selbst-Versichern, dass schon alles in Ordnung sein wird.

»Mir geht es gut, alles in Ordnung«, heißt das für die Mutter. Und das ist wohl auch der Grund dafür, dass die Kleinen beides gleichzeitig können: saugen und schnurren. »Milch läuft«, heißt das auf kätzisch. Und wenn alles stimmt, schnurrt Mama beruhigend zurück. Diesen frühkindlichen Laut behalten die Katzen ein Leben lang bei und sie setzen ihn immer dann ein, wenn sie Wohlbefinden und Zufriedenheit ausdrücken wollen.

Also meist in Zusammenhang mit ihrem Menschen und seinen streichelnden Händen. So mancher Vierbeiner, der auf Kater Garfields Spuren wandelt, schnurrt schon laut, wenn er sieht und riecht, dass sein Napf mit Lieblingsfutter gefüllt wird. Andere lassen sich lange bitten, überhaupt ihren Schnurrmotor anzuwerfen – aus erzieherischen Gründen, schließlich sollen Zweibeiner ja nicht zu sehr verwöhnt werden. Und wieder andere gehen ihrem Menschen bei seiner Heimkehr freudig, laut schnurrend um die Beine. So unterschiedlich die Anlässe, so unterschiedlich fällt dieses Geräusch aus. Manche zarte, kleine Kätzin wie Flimpi schnurrt wie ein Traktor, während stattliche Katerherren wie Piratenpaule nur sehr leise und vornehm schnurren.

Schnurren für die Heilung

Es ist gar nicht so lange her, dass Forscher herausgefunden haben, dass dem Schnurren noch eine ganz andere Bedeutung zukommt. Schnurren gehört zu den niederfrequenten Lauten und liegt irgendwo im Bereich zwischen 27 und 44 Hertz. Das ist genau die Frequenz, die sich heilsam bei Verletzungen auswirkt, vor allem bei Knochenbrüchen.
Ob die Katzen das Schnurren bewusst einsetzen, um die Selbstheilungskräfte zu aktivieren?

fressbarer Beute nach Hause kommt. Er hat eine lockende Funktion und wird beim Nachwuchs auch sofort als frohe Botschaft angenommen, kündigt er doch Leckeres an. Nähert sich die Mutter mit dem Rattenruf, wissen die Kinder ebenso instinktiv, dass Vorsicht angesagt ist – sie verhalten sich abwartend und eher ängstlich. Übrigens setzen die Mütter diesen Ruf auch dann ein, wenn sie nur Teile einer Ratte mit heimbringen, die die Kleinen eigentlich problemlos fressen könnten. Aber Erziehung ist eben alles und auf diese Weise lernt der Nachwuchs, was gefährlich ist. Immerhin kann eine ausgewachsene Ratte einer Katze ganz schön zusetzen. Früh erlernter Respekt kann also niemals schaden.

Kinder, alle mal herhören: Mütterliche Rufe

Sobald die Jungtiere soweit sind, dass sie nicht nur ausschließlich an den Zitzen nuckeln und saugen, sondern auch feste Nahrung zu sich nehmen können, beginnt das Beutetraining. Die Kätzin entfernt sich jetzt schon immer weiter und länger vom Nest und bringt den Kindern Nahrung mit. Früh müssen die Welpen für das Leben lernen, denn mit rund drei Monaten stehen sie in aller Regel auf eigenen Pfoten. Deshalb ist es wichtig, so früh wie möglich zu wissen, was fressbar und was gefährlich, was Beute und wer Gegner ist. Da die Mutter in den ersten Lebenswochen alles in einer Person ist – Nahrungsquelle, Spielpartner und Erzieherin, bringt sie auch diesen wichtigen Unterschied den Kindern bei – per Laut. Tatsächlich verwenden die Mütter sowohl einen »Mäuse-« als auch einen »Rattenruf«. Den Mäuseruf verwendet die Ernährerin immer dann, wenn sie mit

Mütter haben ihre Kinder stets im Blick oder im Ohr.

Gurren zur Begrüßung

Werden Sie auch manchmal von Ihrer Katze angesprochen mit einem Geräusch, das Sie nicht so recht zu deuten wissen? Und das so ähnlich klingt wie »mmmmrrrrhhhh«? Hebt Ihr Minitiger dabei ein wenig den Kopf und sieht Sie freundlich und erwartungsvoll an, so dass Sie sich sofort genötigt fühlen, zu schmusen, ihm über das Köpfchen zu streicheln oder wenigstens sanft zu antworten? Dann hat das Gurren seinen Zweck erfüllt. Denn es ist in jedem Fall ein freundlich-lockender Laut, der Zuwendung signalisiert.

Den setzen die Miezen nicht nur ein, um ihren Menschen willkommen zu heißen. Sie verwenden ihn auch zur innerartlichen Verständigung in verschiedenen Situationen. Wieder beginnt alles mit der Katzenmutter. Sie gurrt diesen leisen Locklaut bei ihrer Rückkehr und fordert damit die Kindertruppe auf, zu ihr zu kommen. Dabei kann sie sehr beharrlich sein, wenn die Kleinen nicht oder nur langsam reagieren oder wenn mal wieder einer aus der Mannschaft eine besondere Einladung braucht.

Stimmhafte und stimmlose Laute

Das Lautrepertoire der Samtpfoten ist wirklich groß, darunter sind grundsätzlich die stimmlosen Laute, wie das Schnurren, Grollen, Knurren, Fauchen und Gurren. Und es gibt die stimmhaften Laute wie das Miauen, das Jaulen und ein langgezogenes Heulen, bei denen wir deutlich Vokale ausmachen können.

Aber auch rollige und paarungsbereite Kätzinnen wissen sehr genau um die Kraft dieses verführerischen Geräuschs. So setzen sie es bewusst ein, um Kater anzulocken und auf sich aufmerksam zu machen. Manchmal antwortet dann der Auserwählte mit ebenso leisen, zarten Gurrlauten, bevor er sich ihr nähert.

Bei der Begrüßung zwischen vertrauten Katzen gibt es ein freundliches Ritual mit Miau- und Gurrlauten sowie Köpfchengeben.

Leider ist auch das romantischste Gurren kein Garant für Erfolg. Es kann sein, dass der »Umgurrte« dennoch mit heftigen Tatzenhieben vertrieben wird und sein Glück noch einige Male aufs Neue versuchen muss. Manche Tiere, die einander sehr vertraut sind, setzen Gurrlaute auch ein, um ein wenig miteinander zu plaudern.

Wenn etwa Chefkater Paul von draußen heimgekehrt und dem zurückgebliebenen Kumpel Toby gnädig Wiedersehensfreude signalisiert. Das sind dann oft keine sehr langen Sequenzen, dafür wird manchmal das »mmmrrrrhhh« auch mit anderen Signalen kombiniert, wie etwa dem Stupsen oder Köpfchengeben.

Miau ist nicht Miau – aber universell

Wissen Sie eigentlich, was Miau auf Afrikaans heißt? Genau: »Miaau«. Chinesische Katzen machen übrigens »miao«. Die britischen Samtpfoten »meow«, die französischen »miaou«, die Norweger, nicht nur die der gleichnamigen Rasse, »mjau«. Die Liste lässt sich beliebig lange

fortsetzen. Miau ist eben universell und »der« Katzenlaut schlechthin, den jedes Kind kennt. Da wir alle den Laut sofort einer Katze zuordnen, scheinen die Tiere oft und gerne zu miauen, oder?

Aber auch wenn wir Menschen meinen, Katzen würden überwiegend miauen, ist das doch nur ein sehr kleiner Teil des gesamten Lautrepertoires der domestizierten Feliden. Wir halten es nur für wichtig, weil sich unsere Haustiger angewöhnt haben, mit uns so zu sprechen, wie mit ihrer Katzenmutter. Und in gewisser Weise sind wir ja auch ein Mutterersatz. Wir füttern, besorgen also die Beute. Wir gewähren Schutz, Sicherheit und Zuwendung. Wir helfen und pflegen – wie gute Mütter das nun mal tun. Kein Wunder also, dass unsere Miezen mit uns reden, wie mit ihrer Mutter. Die Tiere haben quasi für uns eine eigene Sprache entwickelt. Das wird dadurch bestätigt, dass die Katzen untereinander das Miau eigentlich kaum einsetzen, sondern viel eher mit anderen Lauten und mit ihrer Körpersprache kommunizieren.

Oft hat der Laut in unseren Ohren etwas Klagendes. Das löst, je nach Intensität und Lautstärke, bei vielen Katzenfreunden sofort den Drang aus, zu helfen. Wer Angst vor Katzen hat, der bekommt dagegen eine Gänsehaut. Deshalb wird das Geräusch auch gerne zur Untermalung geheimnisvoller Szenen in Fernsehkrimis eingesetzt. Irrt der Held durch unheimlich nächtlich-dunkle Gassen? Ist die Spannung kaum noch zum Aushalten? Dann ist oft ein langgezogenes klagendes Miauen zu hören und der Zuschauer weiß: Achtung, es wird gefährlich.

Den italienischen Komponisten Gioachino Rossini haben vermutlich zwei Samtpfoten mit ihrem Miauen so kreativ inspiriert, dass er sein »Duetto buffo di due gatti« komponierte. Wer

Miau, Mama, wo bist du?

Miau ist ein Katzenlaut, der überall auf der ganzen Welt verstanden wird.

es gehört hat, könnte zweifeln, ob es sich dabei um eine Huldigung handelt oder ob der Maestro schlicht genervt war. Wenn letzteres, dann hat das Miauen ja seinen Zweck erfüllt. Denn es gehört ebenfalls zu den frühkindlichen Lauten und dient der Verständigung der Welpen mit ihrer Mutter. Es drückt ganz klar ein Bedürfnis aus und enthält den Appell: »Komm und tu endlich was.« Was kann Miau bedeuten? Vieles, und das macht es für uns unwissende Zweibeiner manchmal schwierig, den Aufforderungen unserer Katze zu folgen. Denn Aufforderungen sind es allemal.

Natürlich lernen kluge Katzen schnell, wie ein Mensch zu manipulieren ist: Mit lautem und immer lauter werdendem anhaltendem Miau, das sich bis zu einem penetranten Sirenenton steigern kann. »Aufmerksamkeitserregendes Verhalten« nennt sich das. Oder einfach auch nur: »Wir werden ja sehen, wer den längeren Atem hat, Du oder ich.« Vor allem in den lauen

Frühjahrsnächten gegen vier Uhr, wenn die Dämmerung beginnt, werden Uhren völlig überflüssig: »Unser Wecker macht miau.« Sich dagegen zu wehren oder unter die Bettdecke abzutauchen ist nahezu zwecklos, denn innerhalb weniger Minuten kann sich ein zartes Babymiauen in ein wütendes Gebrüll steigern. Wer da nicht reagiert, hat kein Herz oder aber übermenschlich gute Nerven.

Taube Katzen, sie sind oft reinweiß mit blauen Augen, wie Kätzin Schneewittchen, miauen übrigens in einer ungewöhnlichen Lautstärke, weil sie sich ja selbst nicht hören können. Das ruft manchmal Nachbarn auf den Plan, die doch tatsächlich auf ihrer Nachtruhe bestehen. Dabei spielt bei diesen Tieren vermutlich auch gewisse Verunsicherung eine Rolle, obwohl Katzen mit dem Ausfall eines Sinnesorgans oft überraschend gut umgehen können.

Eine andere Situation, die vielen Katzenbesitzern sehr zusetzt, ist die, wenn ihre Samtpfote älter wird und plötzlich scheinbar unmotiviert beginnt, sehr laut und eindringlich zu miauen – vor allem nachts. Wie bei Kuno, einem 15 Jahre alten Kater, der sich durch nichts und niemanden in seinem Miaukonzert unterbrechen lässt. Das dauert leider oft einige Minuten an und ist selbst im Vorgarten noch gut zu hören. Machen sich, wie bei diesem Kater, außerdem andere Zeichen von Verwirrung und Desorientierung bemerkbar? Lässt sich die Katze nur schwer oder gar nicht bei diesem lauten Miauen unterbrechen? Entsteht der Eindruck von Zwanghaftigkeit? Dann kann es sein, dass es sich um eine ähnliche Erkrankung handelt wie Demenz beim Menschen. Untersuchungen lassen vermuten, dass es bei Katzen in höherem Alter zunehmend zu solchen Erkrankungen kommt.

Wenn miaut wird, heißt das:

Die gewohnte Fütterungszeit ist längst überschritten. Wo bleibt nun endlich das Abendessen?

Mir ist langweilig, hör endlich mit dem Geschreibsel über andere Katzen auf und beschäftige Dich mit mir.

Es ist vier Uhr morgens und draußen tobt das Leben. Ich will mitmischen.

Wo warst Du so lange, ich warte schon seit Stunden. Mach endlich diese dumme Türe auf und lass mich raus.

Oder auch zwei Minuten später: Mach endlich diese dumme Türe auf und lass mich rein, mir ist kalt.

Ich bin zwar auf diesen Baum hinauf gekommen, aber herunter geht irgendwie nicht mehr.

Mir gefällt es nicht, in den Korb gesperrt und zum Tierarzt gefahren zu werden …

… lass mich sofort hier raus.

Kapitel 2

Komm her, ich zeige es dir

Wenn Nachbars Kater Eddy fremdes Territorium betritt, bleibt das nicht lange verborgen. Dafür sorgt er selbst, indem er provozierend lässig über den gepflegten Rasen stolziert und dekorativ mitten im Rosenbeet sitzen bleibt. Die beiden Revierinhaber werden angesichts solcher Frechheit schier verrückt und schlagen Alarm. Und das ist zu hören, auch in größerer Entfernung.

Stimmlos, aber nicht kraftlos: Fauchen
Knurren: Alarmstufe rot
Spucken können nicht nur Lamas
Grollen: Achtung, es geht los
Abwehrkreischen
Warum kann ich da bloß nicht ran?
Angstgeheul
Nicht ohne meine Kinder

Das ist mein Platz, verzieh Dich!

Eindeutiger kann eine Drohung nicht sein.

Von drohendem Grollen über kehliges Knurren bis hin zum auf- und abschwellenden Gejaule, das Menschen das Blut in den Adern gefrieren lassen könnte, reichen die ausgetauschten Freundlichkeiten der drei Herren. Und wenn dann kurze Zeit danach die Fellfetzen fliegen, ist dieses markerschütternde, hohe und schrille Kreischen zu hören, bei dem es keinen Katzenbesitzer auf dem Sofa hält.

Eigentlich sind Katzen ja weich, warm, anschmiegsam, kuschelig und spenden Zuneigung, oder? Deshalb werden sie auch gerne Miezen, Fellnasen, Pelzträger und Samtpfoten genannt. Doch das ist nur die eine Seite. Sie sind vor allem eines: Jäger. Ob jung oder alt: Beutemachen, Töten und Fressen gehören zur Natur der Katze. Als Beutegreifer haben Katzen Nahrungskonkurrenten und Feinde zu fürchten, deshalb brauchen sie Waffen: zum Angriff, zur Verteidigung, zur Abschreckung. Dazu gehören Zähne, Krallen und Muskeln, aber eben auch ein gewaltiges Lautrepertoire, mit dem der Gegner in die Flucht geschlagen werden kann. Als kluge Tiere vergeuden die Feliden allerdings nicht unnötig Kraft und Reserven und kämpfen, weil ihnen gerade einfach der Sinn danach steht. Zu ernsthaften Auseinandersetzungen kommt es nur, wenn es sich nicht vermeiden lässt.

Deshalb dient ein großer Teil des kätzischen Lautrepertoires dem Warnen, Beeindrucken und Abschrecken des Gegners. Es ist schlicht Theaterdonner. Was nicht heißt, das aus der bloßen Drohung nicht blitzschnell blutiger Ernst werden kann. All das zeigt sich an der steigenden Intensität der Lautsprache, begleitet von eindeutigen körpersprachlichen Botschaften.

Diese Droh- und Abwehrsignale sind so klar, dass sie in der Tierwelt auch sofort verstanden werden – sei es bei Artgenossen, sei es bei anderen Tieren. Und auch wir Menschen zucken instinktiv zurück und wissen, was es geschlagen hat, wenn uns unsere ach so samtpfötige Schöne die Zähne zeigt und dabei faucht.

Stimmlos, aber nicht kraftlos: Fauchen

»Achtung, bis hierhin und nicht weiter, es reicht.« Statt langatmiger Erklärungen bevorzugen Katzen einen eindeutigen Hinweis, um zu signalisieren, dass sie jetzt gerade alles andere als gut gelaunt sind. Eindeutiger geht es nicht: Fauchen ist ein stimmloser Ton, bei dem das Maul aufgerissen und die Luft schnell und scharf ausgestoßen wird. Manchmal mit so viel Energie, dass dem Gegen-

Fauchen: Frühe Übung macht den Meister.

über quasi der Wind ins Gesicht bläst. Schöner Nebeneffekt: Durch das Öffnen des Mauls, das Zurückziehen und leichtes Kräuseln der Nase und das Wölben der Zunge zur Rinne kann sich der Gegner auch gleich ein Bild vom körpereigenen Waffenarsenal machen. Denn natürlich werden dabei die Zähne in voller Pracht gezeigt – was bei sehr jungen oder alten, zahnlosen Katzen unfreiwillig komisch aussieht. Dennoch bleibt der warnende Charakter unmissverständlich: Fauchen oder auch Zischen gilt überall im Tierreich als Alarmstufe eins. Nun sind wir Menschen zwar keine geborenen Faucher – aber anpusten oder ins Gesicht blasen können wir auch. Und das lässt sich bei der Erziehung der Katze durchaus sinnvoll einsetzen, siehe Seite 91.

Knurren: Alarmstufe rot

»Was, Du willst nicht hören?« Tatsächlich soll es doch unter Zwei- und Vierbeinern Wesen geben, die mutig oder dumm genug sind, solche ziemlich eindeutigen Warnungen wie ein Fauchen zu überhören und den »Faucher« weiter provozieren. Entweder setzt es dann gleich

einen Pfotenhieb, oder die Katze ist so freundlich, wenigstens noch eine weitere Warnstufe einzulegen. Ein dumpfes Knurren ist universell verständlich und Katzen stehen den Hunden darin in nichts nach. Sie knurren in bedrohlichen Situationen und das auch mit vollem Maul. Wenn sie etwa eine besonders begehrte und große Beute erwischt haben, einen Vogel oder ein anderes Kleintier, dann wollen sie sich diesen Leckerbissen unter keinen Umständen und von niemandem streitig machen lassen. Kommt dann gerade ein Konkurrent des Weges oder auch nur ein Mensch, der den Anschein erweckt, er könnte Interesse an der Beute haben, dann wehren die Katzen ihn mit diesem tiefen kehligen Knurren ab. Das geht eben auch mit Beute zwischen den Zähnen und ist wirklich unmissverständlich.

Spucken können nicht nur Lamas

Severin hat den schönen Beinamen: Der Spucker. Nein, nein, er ist wirklich kein Lama, sondern eigentlich ein ganz nettes, wenn auch ängstliches Katerchen. Ungnädig wird er immer dann, wenn er sich bedrängt fühlt und nicht ausweichen kann. Zum Beispiel wenn er gerade einen Mittagsschlaf in seiner Kratzbaumhöhle macht und unsensible Zweibeiner ihn beschmusen wollen. Oder wenn er die Toilette aufsucht und ein Mensch des Weges kommt. Dann greift er gerne zu dem unorthodoxen, aber umso wirkungsvolleren Mittel des Spuckens. »Jemand spuckt Gift und Galle« – wer dieses Wort geprägt hat, muss Katzen gekannt haben, auch wenn die natürlich nicht wirklich spucken – schon gar kein Gift. Aber der Laut, der in Kombination mit einem Überraschungsangriff und einer blitzschnellen Vorwärtsbewegung kombiniert wird, tut auch so seine Wirkung. Jeder, der so attackiert wird, weicht instinktiv mindestens einen halben Meter zurück. Zweck erfüllt.

Was bedeutet es, wenn Kater ihren Gesang anstimmen?

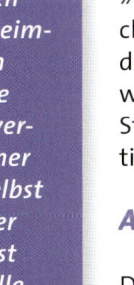

Miezi wurde wohl einmal in völliger Verkennung der Tatsachen bei diesem niedlichen Namen genannt. Dabei ist er weder eine zierliche kleine Kätzin, noch ist er gewillt, seinen neu ins Revier gezogenen Konkurrenten Max hier zu dulden. Was also tut Miezi-Machokater? Er setzt sich vor die Haustür des unverschämten Eindringlings und wirft ihm den gesungenen Fehdehandschuh hin. Was die Besitzer von Max, ebenfalls in völliger Unkenntnis der Tatsachen, für das Liebeswerben einer rolligen Kätzin halten. Dabei heißt das in Wirklichkeit: »Du hast drei Minuten, um rauszukommen, Feigling. Sonst komme ich rein und hole Dich.« Dieser Gesang, ein auf- und abschwellendes, sehr lautes Heulen oder Jaulen, gehört zum Beeindruckendsten in der Katzenlautsprache. Vielleicht auch, weil er oft nachts, in großer Stille zu hören ist, wenn die Herren Kater ihren geheimnisvollen Geschäften nachgehen. Ein wenig erinnert das Ganze an verbale Gefechte unter Halbstarken. Dabei versucht wohl nicht nur jeder, den Gegner abzuschrecken, sondern sich auch selbst Mut zu machen – mit der Kraft seiner Stimme. Dieser Gesang kündigt meist die berühmt-berüchtigten Katerduelle an, bei denen es heftig zur Sache gehen kann.

Schrilles Abwehrkreischen heißt: Hilfe, es reicht.

Grollen: Achtung, es geht los

Geht es noch tiefer und gefährlicher? Aber ja, aus dem Knurren kann ein absolut furchterregendes Grollen werden, das an heftigen Donner erinnert. Wenn jemand so uneinsichtig sein sollte, jetzt nicht wirklich sofort das Feld zu räumen, dann kann er sich auf einen Angriff einstellen. Denn nun gibt es kein Zurück mehr, die Katzenkontrahenten prallen aufeinander und verknäulen sich zu einer großen Fellkugel. Es hagelt Tatzenhiebe und Bisse. Der Verhaltensforscher Paul Leyhausen weist in seinem Buch »Katzenseele« darauf hin, dass Fauchen, Spucken und Knurren drei Lautäußerungen sind, die den schrittweisen Übergang von der Abwehr zum Angriff signalisieren. Und alle drei Stadien werden auch von einer jeweils eindeutigen Körperhaltung begleitet (siehe Seite 39).

Abwehrkreischen

Dieses Geräusch strapaziert die Ohren: hoch, schrill, schmerzhaft. Ein Gekreisch, das fast schon an Vogellaute erinnert, intensiv und sehr durchdringend. Dahinter steht wohl eine Mischung aus Angst, Aggression und sicher ganz viel Adrenalin, die sich unter der großen An-

spannung ein Ventil sucht und entlädt. Ein Urschrei sozusagen, der höchste Abwehr bedeutet und meist mitten im Kampfgetümmel
ertönt. Schlaue Katzen setzen diesen Schrei
aber auch ein, um nach Hilfe zu rufen. Etwa
wenn sie von einer anderen Katze bedrängt
werden und die Erfahrung gemacht haben,
dass ein Mensch auf dieses Signal hin sofort zu
Hilfe eilt.

Warum kann ich da bloß nicht ran?

Manchmal scheinen Katzen den Vögeln gar
nicht so unähnlich zu sein. Jedenfalls, was ihre
Lautgebung betrifft. Sie piepsen und kreischen
nicht nur, sie schnattern auch.
Wer das zum ersten Mal sieht und hört, wird
sich vermutlich erschrecken, weil es so ganz
und gar katzenuntypisch zu sein scheint. Die
Katze schnattert? Eine andere Umschreibung
für dieses ungewöhnliche Geräusch lässt sich

nur schwer finden. Je nach Intensität hört es
sich vielleicht noch an wie Meckern. Und bei
manchen Katzen ist sogar deutlich ein Zähne-
klappern zu hören. Immer aber ist es ein Geräusch, das mit einer hohen Anspannung
einhergeht. Der Körper ist geduckt, die Katze fixiert einen Gegenstand, das Mäulchen öffnet
und schließt sich mehrfach sehr schnell und
heraus kommen diese seltsamen Töne. Meist
wird dieses Geräusch erzeugt, wenn sich die
Beute vor der Katzennase befindet, aber die
Katze sie nicht erreichen kann. Zum Beispiel
draußen hinter der Fensterscheibe. Dann zeigt
wohl dieses »Zubeißen im Leerlauf«, wie gerne
die Jägerin jetzt zuschnappen würde. Übrigens
zeigen manche Katzen dieses Schnattern auch
gegenüber anderen Katzen, die sie zwar gerne
attackieren würden, wozu ihnen aber der Mut
oder die günstige Gelegenheit fehlt.

Jetzt zubeißen können, das wäre schön.
Stattdessen bleibt nur, zu schnattern.

Die ohnehin stimmgewaltigen Siamesen können bei großer Angst wahre Heulkonzerte geben.

Angstgeheul

Kaum sitzt Gina im Korb, beginnt das Konzert. Und wenn der Weg zum Tierarzt auch noch so kurz ist, Mensch und Katze kommen bereits gestresst in der Praxis an. Denn im Auto schreit sich die Samtpfote förmlich die Seele aus dem Leib. Das ist ein sehr lautes Miauen, bei dem meistens aber das »Auuuu« betont wird. Es bedeutet höchste Angst vor einer abstrakten Gefahr – wie dem Tierarzt. Je länger die Fahrt dauert, umso intensiver wird das Geschrei, manchmal mit regelrecht aggressiven Untertönen, die wieder von scheinbar tiefster Verzweiflung abgelöst werden. Und alle bedeuten nur eines: »Lass mich raus aus diesem blöden Korb.« Einige Katzen rufen umso lauter, je schneller das Auto fährt. Andere miauen in Intervallen und setzen dieses Hörspiel auch in der Tierarztpraxis fort. Frage eines bleichen Hundebesitzers im Wartezimmer des Tierarztes: »Welches seltsame Tier macht denn im Behandlungsraum so furchtbare Geräusche?« – Antwort: »Ach, das ist nur eine Katze, die schreit bei der Untersuchung immer so.«

Manche Katzen steigern sich beim Transport tatsächlich so in ihren Erregungszustand hinein, dass sie mit weit geöffnetem Maul zu hecheln beginnen. Spätestens dann sollte die Fahrt unterbrochen und das Tier beruhigt werden. Weniger Sinn macht es, auf die klagenden Laute in tröstendem Tonfall zu antworten. Damit wird nur die momentane Angst bestätigt und verstärkt. Ruhe und eiserne Nerven gehören hier zu den obersten Katzenhalterpflichten.

Nicht ohne meine Kinder

Stella ist eine Löwenmutter. Nur im übertragenen Sinn zwar, aber ihre Katzenkinder verteidigt sie vorbildlich gegen alle Gefahren – auch gegen Menschen. Streunerinnen haben oft schlechte Erfahrungen mit Menschen gemacht. Noch mehr als bei behüteten Hauskatzen ist bei ihnen der Instinkt ausgeprägt, ihren Nachwuchs zu verteidigen. Wenn es sein muss, unter Einsatz des eigenen Lebens. Legendär sind die Geschichten, bei denen Katzenmütter ihre Jungen aus brennenden Häusern gerettet oder vor übermächtigen Feinden wie Füchsen und Hunden verteidigt haben.

Dabei setzen die Kätzinnen das gesamte Droh- und Abschreckungspotenzial ein, das sie zur Verfügung haben. Im Gegensatz zu vielen Katerkämpfen ist ihre Aggression eher defensiv und auf Verteidigung ausgerichtet, während die Herren um Besitz und Macht streiten. Aber sie können genauso, wenn nicht sogar wilder und entschlossener kämpfen. Zunächst setzen jedoch auch die Mütter auf Abschreckung: Mit Fauchen, Spucken, Knurren wird jeder gewarnt, der den Kindern näher kommt, als der Kätzin lieb ist. Das gilt für andere Katzen, aber auch für Hunde und fremde Menschen. Manche Mutter führt zur Sicherheit auch von lautem Gefauche begleitete Angriffe auf menschliche Beine oder Hände. Und nur derjenige, dem sie vorbehaltlos vertraut, darf sich den Kindern nähern. Diese mütterlichen Beschützerinstinkte lassen nach, je mehr die Kinder auf eigenen Pfoten stehen und die Katze wieder ihre eigenen Wege geht. Davor jedoch liegt eine Zeit intensiver Erziehung. Und so liebevolle Mütter Kätzinnen sind: Irgendwann reicht es auch der geduldigsten Mama. Turnen die Kinder allzu sehr auf ihr herum, zwicken sie überall, wollen partout noch saugen, obwohl sie schon spitze Zähnchen haben, dann ruft sie die Schar zur Ordnung. Mit ein paar Fauchern, begleitet auch mal von Tatzenhieben, wird der Nachwuchs unmissverständlich diszipliniert.

Auch der geduldigsten Katzenmutter reicht es irgendwann. Kinder werden durchaus rabiat erzogen.

Die wichtigsten Laute im Überblick:

Fiepen:

Ein frühkindlicher Laut, mit dem die Welpen der Mutter ihre Bedürfnisse signalisieren: Hunger, Wärme und Schutz sind gefragt.

Schnurren:

Auch das können schon die Kleinsten, sogar während des Saugens. Damit wird der Mutter Zufriedenheit signalisiert. Die Mutter schnurrt zurück, um ihrerseits Beruhigung zu vermitteln. Erwachsene Katzen schnurren immer dann, wenn sie sich wohl und behaglich fühlen. Aber Schnurren in angsterregenden Situationen wird auch als eine Art Selbstsuggestion eingesetzt.

Miauen:

Der vielleicht vielfältigste Katzenlaut. Dem Ursprung nach ein Bedürfnis anzeigend, wird er in vielen Situationen eingesetzt: um Aufmerksamkeit zu erregen, bei Hunger, Langeweile, Angst, aber auch zur Begrüßung vertrauter Menschen.

Fauchen:

Warnung und Abwehr. Die erste Stufe auf der Skala einer ganzen Reihe von Abwehrlauten.

Spucken:

Gesteigerte Intensität der Abwehr. Ein »Explosivlaut«, immer verbunden mit einer sehr schnellen Vorwärtsbewegung.

Knurren und Grollen:

Die letzte Stufe der Drohung, unmittelbar vor dem Angriff.

Geheul und Gesang:

Kündigen Katerkämpfe an und dienen zum Beeindrucken und Einschüchtern des Gegners.

Kreischen:

Schrilles, durchdringendes Geräusch und die höchste Abwehrstufe in einer Auseinandersetzung. Mischung aus Angst und Aggression – ein Urschrei.

Schnattern:

Noch nicht ganz geklärte Lautäußerung, die wohl einer starken Frustration entspringt. Wenn etwa die Beute unerreichbar bleibt, klappern manche Katzen mit den Zähnen, sie schnattern also, so, als ob sie zubeißen würden.

Kapitel 3

Körpersprache in entspannten Situationen

Wäre Benito ein Hund und kein Kater, dann würde er wohl jenes schrecklich vulgäre Gebell anstimmen, schwanzwedelnd und heftig japsend hin und her rennen und sich womöglich soweit vergessen, seinen Freund Chico auch noch anzuspringen. Nein, nein, so etwas ist unter der Würde eines Birmakaters von edlem Geblüt. Nicht, dass nicht auch solche Herrschaften Freude zeigen, wenn sie einen guten Kumpel treffen. Nur regeln die Bepelzten das ganz anders. Sittsam sozusagen.

Augen, die Spiegel der Katzenseele ...

Und dazu bedarf es keiner lauten Worte wie zwischen Menschen und Hunden. Es genügt, die subtilen Feinheiten der kätzischen Körpersprache zu beherrschen und gekonnt einzusetzen.

Schade eigentlich, dass so mancher Mensch dem völlig ahnungslos gegenübersteht. Wer die Katzenetikette beachten will, muss vor allem die zarten Hinweise der Samtpfoten richtig deuten – und das ist gar nicht so schwer.

Signale setzen Katzen mit allen Teilen des Körpers: mit den Augen, den Ohren, dem Schwanz, den Pfoten, mit der gesamten Körperhaltung. Was wir Menschen am ehesten erkennen und deuten, sind die Augen – die Spiegel der Katzenseele. Zum einen, weil wir ihre unterschiedlichen Formen und Farben faszinierend finden. Zum anderen, weil wir es gewohnt sind, andere Menschen anzusehen und dabei den direkten Kontakt auf Augenhöhe herzustellen. Katzenaugen verraten viel über den Gemütszustand des Tieres: weit geöffnet, große Pupillen, starrer Blick? Oder halb geschlossen, Blinzeln und Umherschauen? Das alles ist nicht zufällig, sondern hat seine Bedeutung.

Wenn sich Katzen freundlich begegnen, entweder weil sie sich gut kennen oder weil sie neugierig auf den jeweils Anderen sind, dann haben sie eigene Begrüßungsrituale. Und die sehen nun mal ganz anders aus, als bei Menschen und Hunden. Niemals, wirklich niemals, würde es einer Katze einfallen, auf einen fremden Artgenossen einfach zuzuspringen und ihn anzumiauen oder abzulecken. Höfliche Katzen zeigen Interesse dadurch, dass sie in einiger Entfernung sitzen bleiben und freundliche Stimmung signalisieren: Durch eine entspannte Körperhaltung, gerade aufgerichtete Ohren

Erweiterte Pupillen können ein Zeichen für Anspannung sein, müssen es aber nicht.

und waagerecht gehaltene Schnurrbarthaare, die so genannten Vibrissen. Vor allem aber dadurch, dass sie scheinbar völlig gelangweilt in der Gegend umherschauen, als ob sie das alles gar nichts anginge. Vorsichtig und langsam bewegen sie den Kopf hin und her. Mal sind die Augen geöffnet, mal halb geschlossen. Es scheint, als ob sie »blinzeln« würden. Und tatsächlich ist diese kleine Geste von großer Bedeutung. Denn sie unterbricht ganz bewusst den Blickkontakt und signalisiert Ruhe, Entspannung, freundliche Grundstimmung.

Das, was wir Menschen als geradeaus und ehrlich empfinden, das Anschauen eines Anderen, kann bei Katzen leicht als Anstarren und damit als wortlose Drohung aufgefasst werden. Große, schwarze Pupillen, starrer Blick? Das zeugt von Anspannung jeder Art oder von Aggression, denn so wird auch ein Gegner »in den Blick genommen« und fixiert. Was nicht heißt, dass große Pupillen immer für Aggression stehen. Denn sie reagieren unmittelbar auf Veränderungen des Lichts. Im Dunkeln erscheinen sie oft riesengroß. Stehen die Pupillen dagegen senkrecht geschlitzt, dann bedeutet das meist, dass es sehr hell ist.

Hallo, schön, Dich zu sehen.

Was bedeutet es eigentlich, wenn Katzen Köpfchen geben?

Bei freundlichen Begrüßungen unter Artgenossen ist es oft zu sehen: Das Anstupsen mit dem Kopf und das Aneinanderreiben. Werden Menschen von Katzen angestupst, dann kann es an den Händen, Armen, Beinen oder Füßen sein. Je nach Temperament fällt das manchmal sanfter, manchmal aber auch heftiger aus. Kater Lovely zum Beispiel hat die Angewohnheit, die Beine seiner Menschen geradezu zu rammen, wenn diese nach Hause kommen – eine wahrhaft freudige Begrüßung. Bei der Gelegenheit verteilen die Katzen ihren körpereigenen Duft auch auf den jeweils anderen Partner – so entsteht ein vertrauter Familiengeruch.

Blinzeln Sie mal

Das Blinzeln der Katze wird gerne auch als ihr Lächeln bezeichnet, weil Katzen oft in Situationen blinzeln, in denen wir lächeln. Sie blinzeln auch zur Beschwichtigung, aus Verlegenheit oder um zu signalisieren, wie freundlich wir doch sind. Blinzeln bedeutet also grundsätzlich Friedfertigkeit und Entspannung. Wenn Sie einer fremden Katze begegnen und Kontakt aufnehmen möchten, dann sollten Sie lieber bewusst blinzeln und unaufgeregt umherschauen, statt sie neugierig und lange anzusehen. Sonst verletzen Sie womöglich die Spielregeln und sorgen für Missverständnisse.

Wenn Tiere bereits sehr vertraut miteinander sind oder sich mögen, dann führen sie ein ganz besonderes Ritual durch – das bei uns Menschen von den Inuit bekannt ist: Sie geben sich Nasenküsse. Meist wird das eingeleitet durch ein freundliches kurzes Gurren, dann stehen sich die beiden Tiere gegenüber und reiben kurz aber intensiv ihre Nasen aneinander. Oft ist das der Auftakt zu einer ausführlicheren Begrüßungszeremonie: Da wird Köpfchen gegeben, sich gegenseitig angestupst, der Schwanz über den Anderen gelegt oder am Hinterteil des Anderen geschnuppert.

Darf ich mal schnuppern? Auch das kann zu einer freundlichen Begrüßung dazugehören: Die Analkontrolle. Es sieht für uns oft ein wenig befremdlich aus, wenn Katzen am Schwanz oder Hinterteil eines Artgenossen riechen. Sie

Freundliche Analkontrolle bei einem vertrauten Tier.

Nasenkuss bei der Begrüßung.

nehmen dort viele Informationen über das Befinden des jeweils Anderen auf, die uns verborgen bleiben. Wenn eine Katze diese Kontrolle gelassen über sich ergehen lässt, ist das immer ein Zeichen von Vertrautheit oder Entspannung. Denn einem völlig fremden Artgenossen den Rücken zuzudrehen und ihn schnuppern zu lassen, bedeutet immer ein gewisses Risiko.

Auch der Katzenschwanz spielt bei der Begrüßung von Mensch und Artgenosse eine große Rolle. Er wird oft als Stimmungsbarometer bezeichnet – er zeigt je nach Laune immer andere Stellungen. Kommt die Katze froh und gutgelaunt auf jemanden zu, dann trägt sie den Schwanz locker hoch erhoben, häufig wird dabei die Spitze ein wenig gekrümmt. Und es kann sein, dass der Schwanz dabei ganz sacht hin und her schwingt. Das sieht besonders beeindruckend aus bei den langhaarigen Rassen wie den Persern, Maine Coons oder Norwegern, bei denen der »Schweif« quasi wie eine seidige Fahne wirkt. Treffen sich zwei vertraute Tiere, dann wird der Schwanz oft sanft über den Anderen gelegt – fast wie bei einer freundschaftlichen Umarmung.

Kuscheln: Nichts für harte Kerle?

Es wird viel darüber diskutiert, ob Katzen nun Einzelgänger sind oder nicht. Sicher ist, dass es sich nicht um geborene Rudeltiere handelt. Das heißt aber nicht, dass sie keine sozialen Bedürfnisse haben. Zum Beispiel den Wunsch nach Körperkontakt. Die Nähe des Anderen zu spüren, seine Wärme, seinen Schutz, der Geborgenheit vermittelt, das ist ein Urbedürfnis. Schon Katzenkinder liegen gerne häufig völlig »verknäult« zusammen, so dass es schwierig zu unterscheiden ist, wem welche Pfote gehört. Oft sind es drei oder vier gleichzeitig, die sich spüren, fühlen, wärmen und dabei tief und fest schlafen. Bis es dem bedauernswerten Katzenkind, das «untendrunter» liegt, zu viel wird und es die Geschwister abschüttelt. Aber auch die meisten erwachsenen Katzen suchen und genießen das »Kontaktliegen« mit einem Artgenossen, ersatzweise mit einem Menschen.
Eng an eng gekuschelt liegen Toby und Paul am liebsten. Das entlockt manchem Menschen einen lustigen Kommentar, denn beide sind gestandene, kräftige Kater, erfahrene Jäger, die

nichts und niemanden fürchten. Und die kuscheln zusammen? Ist das denn auch etwas für harte Kerle? Aber ja, Kuscheln tut auch Kämpferseelen gut. Denn es geht dabei nicht einfach nur darum, gemeinsam im Körbchen zu liegen. Bei dieser Gelegenheit wird auch gegenseitige Fellpflege betrieben.

Das Putzen der Katzen, die Katzenwäsche, ist ja schon sprichwörtlich. Wenn auch die Redewendung von der Katzenwäsche beim Menschen etwas ganz anderes meint, nämlich eine schnelle und nicht sehr gründliche Reinigung. Samtpfoten dagegen putzen sich sehr gründlich und mit Hingabe. Dabei beweisen sie einiges an Geschick und Können, auch noch die entlegensten Körperregionen zu erreichen und die Haare dort zu glätten und von allen Verunreinigungen zu beseitigen. Die raue Zunge zupft dabei noch kleinste Unebenheiten heraus und glättet alles, so wie es sich gehört. Dennoch tut es einfach gut und ist außerdem praktisch, wenn ein Artgenosse sich zum Beispiel der Ohren annimmt und sie gründlich ableckt.

Zu viel Liebe

Das Putzen eines Kumpels ist eine »Dienstleistung unter Freunden«, ein Beweis von Zuneigung und Vertrautheit. Aber es kann, so seltsam das klingt, auch negative Züge annehmen. Giovanni ist ein extrem geselliger Thaikater und freundlich zu allen anderen Mitbewohnern seines Haushaltes, seine besondere Liebe aber gilt Freddy, seinem besten Freund und Mitkater. Mit dem kuschelt er gerne und stundenlang, beschmust ihn nach allen Regeln der Kunst, putzt und leckt ihn mit Hingabe. So lange, bis Freddy plötzlich aufspringt und Giovanni einige kräftige Tatzenhiebe kassiert. Was ist das nun? Pure Undankbarkeit? Ein Missverständnis? Auch des Guten kann manchmal zuviel sein und Fürsorge

in eine Art von »Besitz ergreifen« ausarten, die schon mit Unterdrückung zu tun hat. So ist es aus Freddys Sicht nur folgerichtig, wenn er sich Giovannis Zugriff entzieht. Und wenn dieser nicht gleich auf feine Signale reagiert, dann muss es eben deutlich sein.

Eine andere auffällige Form von Zuwendung ist das Abbeißen oder Abknabbern der Vibrissen, der Barthaare, während des Putzens. Manchmal ist zu hören, dass Katzenmütter beim Belecken der Jungtiere ihrem Nachwuchs die Vibrissen kürzen, um dessen Bewegungsradius einzuschränken. Aber natürlich können sich auch Katzen mit gekürzten Vibrissen im Raum orientieren. Und so ist es wahrscheinlich, das es sich hier um ein Verhalten handelt, das sehr viel mit einem übertriebenen Brutpflegeinstinkt zu tun hat. Auch bei erwachsenen Tieren kommt es vor, dass sie einem Artgenossen vor »lauter Liebe« die Barthaare abbeißen. Eine Erklärung dafür ist nicht immer leicht zu finden, aber vermutlich spielt eine übertriebene Putzsucht eine Rolle, die auf Verlustängste schließen lässt.

Was ist Komfortverhalten?

Körperpflege ist wichtig. Sauberes Fell oder Gefieder steht für Gesundheit und Wohlbefinden. Und so haben alle Tiere ein Verhalten entwickelt, sich zu putzen, zu reinigen, zu kratzen, zu scheuern oder zu schütteln. Alle diese Aktivitäten werden als »Komfortverhalten« bezeichnet. Und wenn Katzen, die ja eher solitär leben, sich zusammenfinden, um sich gegenseitig zu putzen und zu lecken, hat das auch immer mit Zusammenhalt und Vertrauen zu tun. Neben der reinen Fellpflege spielt hier die soziale Komponente also eine große Rolle.

Putzen kann schön sein, muss es aber nicht.

Der Mensch als Katze

Wenn Kätzin Jilly besonders entspannt mit ihrem Menschen auf dem Sessel sitzt und gestreichelt wird, dann beginnt sie manchmal, sich hingebungsvoll das Fell zu lecken. Dabei kann es passieren, dass sie plötzlich auch die Hände ihres Menschen abschleckt oder sich an seinen Haaren zu schaffen macht und versucht, das menschliche Fell zu glätten. Sie tut damit etwas, was sie auch einem vertrauten Artgenossen angedeihen lassen würde – sie betreibt soziale Fellpflege. Der Mensch kommt aus ihrer Sicht damit in den Genuss einer großzügigen Wohltat.

Noch anders macht sich bemerkbar, wenn Katzen ihren Menschen plötzlich als Mutterkatze betrachten. »Mein Kater stempelt immer mit den Pfötchen auf meinen Beinen, was hat das nur zu bedeuten?« Stempeln, das gibt recht genau wieder, wie dieses seltsame Verhalten aussieht, das manche Katzen regelmäßig zeigen, wenn sie mit ihrem Menschen kuscheln. Plötzlich steht die Katze auf und tritt mit den

Pfötchen rhythmisch auf der Stelle – auf den Beinen des Menschen, auf seinem Bauch, manchmal auch auf einem Kissen. Hauptsache, der Untergrund ist weich und warm. »Treteln« wird dieses Verhalten genannt, das mit dem Milchtritt zu tun hat, den schon die Kleinsten instinktiv beherrschen. Denn so, wie die Jungen die Zitzen der Mutter mit ihren winzigen Pfötchen bearbeiten, um den Milchfluss anzuregen, so treteln erwachsene Katzen auf ihrem Menschen herum, wenn sie sich völlig entspannt und wohlfühlen.

Viele Katzenbesitzer erzählen auch, mal mehr, mal weniger entzückt, dass ihre Tiere in entspannten Situationen plötzlich anfangen, an ihnen zu nuckeln. Entweder an Kleidungsstücken wie weichen Pullovern – oder am Ohrläppchen. Dieses Nuckeln ist nichts anderes als ein frühkindliches Verhalten, das manche Tiere ein Leben lang beibehalten. Und fast immer ist es ein Zeichen dafür, dass diese Samtpfote, aus welchen Gründen auch immer, viel zu früh von der Mutter getrennt wurde.

Fellpflege beim Menschen ist auch möglich.

Sieht gefährlich aus, ist es aber nicht: Der Transportbiss der Mutterkatze.

Was bedeutet es eigentlich, wenn Katzenmütter ihre Kinder im Nacken packen und beißen?

Wenn sich das riesige Tigermaul öffnet und imposante Zähne zeigt und wenn die Tigerin ein Jungtier im Nacken packt, dann graust es so manchen Zoobesucher. Nicht anders geht es den Haltern einer Katzenmutter, denn im Verhältnis zum mütterlichen Maul sind auch Katzenkinder winzig. Aber dieser »Biss« ist kein Zubeißen, sondern einfach ein Zupacken, ein Transportgriff. Für die Kätzin ist es normal, dass sie ab und an den Ort wechselt, an dem sie ihre Kinder großzieht.

Vor allem dann, wenn sie sich gestört fühlt oder Gefahren für die Jungen vermutet. Dann setzt sie gezielt den Nackenbiss ein – selbstverständlich ohne die Kleinen zu verletzen. Diese werden am Nackenfell gepackt und verfallen dabei in eine Tragestarre, die es der Mutter ermöglicht, sie zu transportieren. Ähnlich sieht übrigens der Biss aus, den der Kater bei einer Kätzin einsetzt, mit der er sich paart, was auf Menschen immer reichlich rüde wirkt. Und nicht zuletzt ist auch der tödliche Nackenbiss tatsächlich eine weitere Variante derselben Geste – nur dass dieser Biss nicht gehemmt, sondern tatsächlich ausgeführt wird.

Kann Schlafen schön sein

Wenn Maler, Bildhauer und Fotografen Katzen darstellen, dann zeigen sie sie oft ruhend, dösend, schlafend, entspannt. Tatsächlich haben die Tiere ein großes Ruhebedürfnis, was mit ihrem Wesen als Jäger zu tun hat. Anders als Hunde sind Katzen keine Hetzjäger. Sie belauern ihre Beute oft sehr lange, schleichen sich an, springen dann plötzlich auf und schlagen zu. Oder eben nicht, denn oft genug entwischt der leckere Happen in letzter Sekunde. Um einmal eine Maus zu fangen, muss eine Katze häufig mehrmals jagen. Und das kostet ungeheure Konzentration und Kraft. Deshalb müssen die Tiere lange Ruhephasen einlegen, um wieder zu Kräften zu kommen und sich zu erholen. Nicht umsonst schlafen manche Katzen 16 bis 18 Stunden am Tag. Sehr junge und sehr alte

Katzen sogar oft noch mehr. Dabei legt sich keine Katze, die etwas auf sich hält, einfach irgendwo nieder.

Als Schlafplätze kommen aus kätzischer Sicht vor allem weiche, warme Unterlagen in eine engere Auswahl. Also Sofas, Sessel, Betten, Decken oder Körbchen, die auch gerne nach Mensch duften dürfen. Sehr beliebt sind runde Kissen oder Körbchen, weil sie so schön zur Körperform passen. Und dankbar akzeptiert werden auch meist Liegeplätze mit erhöhtem Rand, weil diese ein Umdrehen ohne Absturzgefahr ermöglichen. Auch Weidenhöhlen, die Schutz bieten und dabei Durchblick gewähren, erfreuen sich großer Beliebtheit. Aber so manche eigenwillige Samtpfote hat sehr individuelle Vorlieben bei der Wahl ihres Schlafplatzes. Manche zwängen sich in enge Kartons. Andere liegen bevorzugt auf dem Schreibtisch ihres

Tiefer Schlaf, süßer Traum.

Menschen. Noch andere lieben schmale, hohe Regale, Kleiderschränke oder Körbe mit schmutziger Wäsche. Es gibt keinen Platz, auf dem nicht eine Katze noch ein Schläfchen halten könnte. Dieser befindet sich nur nicht da, wo Mensch meint, dass seine fellige Begleiterin ruhen sollte – auf dem Paradekissen oder dem Nobelkratzbaum.

Niemals lässt sich eine Katze einfach fallen und schießt die Augen. Sie begibt sich nur dort zur Ruhe, wo sie sich sicher und wohl fühlt. Immerhin sagt ihr der Instinkt, dass sie im Schlaf sehr angreifbar für potenzielle Feinde ist. Deshalb wird zuerst der Schlafplatz beschnuppert, mit den Pfötchen auf Weichheit getestet, dann dreht sich das Tier dreimal um die eigene Achse und lässt sich kurz nieder. Jetzt noch ein- oder zweimal aufstehen, noch mal drehen. O.k., gut so. Dann den Kopf auf die Pfoten legen, einmal tief und wonnig seufzen und ins Reich der Träume gleiten, wo es von fetten Mäusen und feigen Hunden nur so wimmelt.

Im Schlaf zucken manchmal die Pfoten, als ob sie nach Beute tatzen würden und das Mäulchen klappert leise – die Katze träumt. Viele Katzen legen sich dabei auch eine Pfote über die Augen oder wälzen sich genussvoll und räkeln sich dabei. Manchmal werden auf dem Rücken liegend die Vorderpfötchen eingeklappt oder es wird ein Bein ganz gerade ausgestreckt. Oder die ganze Katze räkelt, dehnt und streckt sich, so lang es eben geht, nur um dann wieder in eine Tiefschlafphase zu fallen. So niedlich das auch aussieht, wenn uns eine Katze im Schlaf den Bauch entgegenreckt, so sollten wir doch dem Drang nicht nachgeben, sie zu streicheln und damit aus ihrer Ruhe aufzuschrecken. Oder mögen Sie es, ständig aus süßen Träumen herausgerissen zu werden?

Katzen lieben ungewöhnliche Ruheplätze.

Nicht immer schlafen die Samtpfoten tief und fest. Einen großen Teil des Tages bringen sie auch einfach mit Ruhen zu. Dann ist zu sehen, wie die Tiere die Vorderpfötchen einklappen und unter den Bauch ziehen. Aus dieser Haltung dauert das Aufstehen und Lossprinten allerdings länger, deshalb ist das wirklich eine Position für sehr entspannte Momente. Oft aber liegen Katzen auch mit nach vorne gestreckten Pfötchen und dösen scheinbar vor sich hin. Dabei beobachten sie sehr wohl die Umgebung und sind in Sekundenbruchteilen hellwach, wenn es etwas Interessantes zu hören gibt, sei es das Klappern einer Futterdose oder das Summen einer leichtsinnigen Fliege. Leise aber unaufhörlich drehen die Ohren wie Radarschirme in die Richtung, aus der die Geräusche kommen. Lohnt es sich, die Sache genauer zu untersuchen, dann schaltet die Mieze blitzschnell von Entspannung auf Action um.

Schlafen oder dösen, das ist hier die Frage.

Gähnen ist nicht nur Müdigkeit

Beim Gähnen und beim Fauchen wird das Maul weit geöffnet, die Zähne sind zu sehen.

Aber beim Gähnen entsteht, anders als beim Fauchen, kein abschreckender Laut, sondern ein beruhigender Effekt.

Haben Sie Ihre Katzen schon einmal gähnen sehen und wurden dabei auch gleich selber müde? Tatsächlich kann das Gähnen stimmungsübertragend wirken. Anders gesagt, es »steckt« an. Das machen sich die Pelzigen klug zunutze. Zum Beispiel dann, wenn sie alles andere als müde sind, aber einen Artgenossen von ihrer friedlichen Stimmung und Haltung überzeugen wollen.

Lieber herzhaft gähnen als heftig kreischen, heißt dann die Devise.

Oder aber: »Wer gähnt, der kämpft nicht.«

Kapitel 4

Klartext reden –
Körpersprache bei Jagd, Aggression und Angst

Wenn der rote Maine-Coon-Kater Simba von seinen Streifzügen in der Dämmerung nach Hause kommt, dann hat er oft ein kleines Präsent dabei: eine Maus. Das löst bei seinen Besitzern keine Freude aus, vor allem dann nicht, wenn der tote Nager vor dem Bett deponiert wird, so dass der schlaftrunkene Mensch beim Aufstehen darauf tritt.

Wer besser starrt, hat gewonnen
Schau mir auf die Ohren, Kater
Putzen statt Prügeln
Schlafen gegen den Stress

Körperbeherrschung wird früh geübt, um für den Kampf fit zu sein.

Kann das gut gehen oder wird es zu einer Auseinandersetzung kommen?

Alle Katzen sind Jäger, das ist ihr Wesen, es bestimmt ihr Verhalten und auch ihre Körpersprache. Wer erfolgreich Beute machen will, muss ausgeklügelte Jagdtechniken beherrschen. Dazu gehört auch Körperbeherrschung, in der die Katzen wahre Meister sind. Immerhin trainieren sie ja auch seit frühester Jugend dafür. Wer genau hinschaut, wird sehen, dass viele Handlungs- und Bewegungsmuster des Spiels denen der Jagd genau gleichen und dass die kleinen Nachwuchsjäger nichts anderes tun, als ihre angeborenen Instinkte technisch zu perfektionieren.

Hunde jagen anders als Katzen: Keine Samtpfote setzt über lange Strecken hinter einer Beute her, um sie zu ermüden. Katzen schleichen sich an, den Bauch auf den Boden gedrückt, Augen und Ohren in die Richtung gewendet, in der sie die Beute vermuten. Lange kann eine Jägerin so ausharren, bis sie sich ihrer Sache völlig sicher ist. Und dann schnellt sie plötzlich los wie eine Feder, macht einen, maximal zwei Sätze, packt das Beutetier im Nacken und beißt zu. Das alles ist nur eine Sache von Sekunden und längst nicht immer von Erfolg gekrönt. Auffällig ist, dass manche Katzen diesen Tötungsbiss eben nicht schnell und präzise ausführen, sondern die noch lebende Beute immer wieder antatzen und quasi »zu Tode spielen«. Das hat den Katzen allgemein einen schlechten Ruf und viele Vorurteile eingebracht, weil es uns Menschen grausam und gemein vorkommt. Dabei hat das mit Lust am Quälen nichts zu tun (siehe Seite 49).

Katzen sind keine Vegetarier, sie töten und fressen andere Tiere. Das allein bedingt schon, dass sie Nahrungskonkurrenten und Feinde haben, gegen die sie sich zur Wehr setzen müssen. Dazu kommt, dass die Nachkommen der afrikanischen Falbkatzen nicht in Rudeln, Herden oder Gruppen leben. So kommt es immer wieder zu Auseinandersetzungen zwischen einzelnen Individuen: Es geht um Macht und Besitz, um Nahrung und um Fortpflanzung – nicht so viel anders, als bei Menschen, oder?

Das Leben einer Katze kann hart sein: Wenn sie nicht in der Obhut des Menschen lebt und versorgt und gefüttert wird, sondern selbst für ihre Nahrung sorgen muss. Deshalb macht es wenig Sinn, dringend für die Jagd benötigte Kräfte zu vergeuden, indem man sich mit seinen Nachbarn unnötig streitet. Zumal dabei immer das Risiko besteht, selbst Blessuren davon zu tragen. Viele der kätzischen Signale, ob in der Laut- oder in der Körpersprache, haben daher auch die Funktion zu imponieren, zu warnen, zu beeindrucken, abzuschrecken – damit es gar nicht erst zu einer Auseinandersetzung kommt, deren Ausgang ja immer ungewiss ist.

Das fängt mit den feinen Signalen an, die der Mensch oft übersieht: etwa mit dem Hin- und Herschlagen des Schwanzes. Das ist immer ein Anzeichen für eine gespannte Stimmung und zeigt, in welchem Konflikt sich das Tier befindet: Bleiben oder gehen? Angriff oder Rückzug? Noch ist nichts entschieden und alles ist möglich. Hält aber der Grund für die Verärgerung oder die Angst weiter an, steigert sich auch die Intensität der Signale. Nun werden die inneren Systeme in Alarmbereitschaft versetzt. Die Bereitschaft zum Angriff oder zur schnellen Flucht spiegelt sich jetzt in allen Teilen des Körpers wieder: Vor allem in den Ohren und den Augen.

Wer besser starrt, hat gewonnen

Erinnern Sie sich noch an einen der berühmtesten Western der Filmgeschichte, »Highnoon« mit Gary Cooper in der Hauptrolle? Und vor allem an diese berühmte Szene auf der menschenleeren Straße, als die beiden Kontrahenten gleichzeitig die Waffen ziehen? Voraus geht ein scheinbar endlos langes Duell, das nur mit den Augen ausgetragen wird. Wer verliert die Nerven, wer zieht zuerst? Es ist unwahrscheinlich, dass alle Katzen der Welt diesen Film kennen. Also muss sich wohl der Regisseur, Fred Zinneman, die Idee für diese Szene bei den Vierbeinern geholt haben. Denn wenn sich zwei Kontrahenten im Revier begegnen oder wenn sie in der Wohnung aufeinanderprallen, geht es immer um die gleiche Frage: Wer macht Platz, wer weicht aus, du oder ich? Da ist das Anstarren ein bewährtes Mittel, um die eigene Stärke zu zeigen und dem Gegner die Chance zu geben, sich jetzt noch zu verziehen und das Gesicht zu wahren. Mitunter wird das Starren schon von Drohgrollen begleitet. Manchmal scheint es uns Menschen aber auch völlig unauffällig, weil wir selber es ja gewohnt sind, anderen Menschen in die Augen zu sehen. Dabei ist es entweder eine grobe Verletzung der kätzischen Etikette oder ein bewusster Regelverstoß. Und das kommt bei der anderen Katze auch genau so an. Sie wird versuchen, mit allen

Auch wer klein ist, kann sich groß machen und drohen.

Was bedeutet eigentlich der Ausdruck Kommentkampf?

Darunter verstehen die Biologen einen stark ritualisierten Kampf, der dazu dient, die Verhältnisse untereinander zu klären. Jedoch geht es nicht darum, den anderen zu verletzen oder zu töten. Genau das aber ist das Ziel des »Beschädigungskampfes«: Der Gegner soll mit allen Mitteln besiegt werden.

Mitteln den Blickkontakt zu unterbrechen, den Kopf hin und her wenden und scheinbar gelangweilt in der Gegend herumschauen. Es sei denn, sie will ihr Mütchen ebenfalls kühlen und es auf einen Kampf ankommen lassen.

Um den Kontrahenten zu beeindrucken, können nicht nur die Augen eingesetzt werden. Katzen haben dafür noch ganz andere Körpersignale entwickelt. Dazu gehört das Aufplustern, das ein Tier sehr viel größer erscheinen lässt, als es wirklich ist. Zu diesem Zweck kann eine Katze sehr beeindruckend die Rückenhaare sträuben, so dass so etwas wie ein Kamm entsteht. Außerdem wird der Schwanz auf nahezu dreifache Größe aufgeplustert und zum »Flaschenbürstenschwanz«, wodurch er dann tatsächlich eine verblüffende Ähnlichkeit mit einer Bürste zeigt. Und wem das noch nicht reicht, den erwartet die »volle Breitseite«. Genauer gesagt, das Breitseitendrohen, bei dem der Gegner die aufgeplusterte Seitenansicht zu sehen bekommt, inklusive des berühmten Katzenbuckels. Irgendwie scheinen dabei die beiden Körperhälften nicht recht zusammenzupassen und das zeigt, dass jetzt noch alles unentschieden ist: vorne Angriff, hinten Flucht.

Ganz anders eine Katze, die wild entschlossen ist, Stärke zu demonstrieren. Unwillkürlich erinnern Körperhaltung und Gang an halbstarke Jugendliche: steifbeinig, wichtig, den Kopf leicht gesenkt wie ein angriffslustiger Bulle, der hintere Teil ist gegenüber dem Kopf erhoht. Wenn das schon zum Erfolg führt, dann reagiert das Gegenüber womöglich damit, dass es seiner Angst nachgibt und seinerseits hinten einknickt und damit die »Hyänenstellung« einnimmt.

Bei Angst und Aggression spielen die Ohren hin und her. Bei dem Kätzchen rechts zeigen sie deutlich die Angst.

Schau mir auf die Ohren, Kater

Sehr eindeutig lässt sich die Stimmung einer Katze auch an einem anderen Körperteil ablesen: den Ohren. Ihr Spiel verrät die oft schnellen Stimmungsschwankungen. Je nach Reaktion des Gegenübers signalisieren sie mal mehr Angst, mal mehr Aggression. Der Katzenforscher Paul Leyhausen hat ein berühmtes grafisches Schema erstellt, bei dem die Mimik einer Katze in neun Schritten dargestellt wird: von

neutraler Stimmung, über höchste Angriffsbereitschaft bis hin zu höchster Abwehr. Dabei spielt die Stellung der Ohren eine besonders wichtige Rolle. In neutraler Laune sind die Ohren nach vorne gerichtet. Bei zunehmender Aggression und Kampfeslust drehen sie seitwärts nach hinten, so dass die behaarten Rückseiten zu sehen sind. Je mehr die Angst dominiert, desto mehr werden die Ohren abgeklappt und eng an den Kopf angelegt. Manchmal so sehr, dass es fast aussieht, als hätte die

Spielerisches Aggressionstraining.

Die Katze faucht, die Ohren zeigen: Alarmstufe rot, nicht näher kommen, sonst setzt es Hiebe.

Katze gar keine Ohren mehr. Gleichzeitig ändert sich die gesamte Körperhaltung: Wer angreifen will, macht sich groß und breit, um möglichst stark zu erscheinen. Wer Angst hat, der duckt sich automatisch, macht sich klein und versucht, möglichst unauffällig zu bleiben. Alles das geht natürlich auch nicht ruhig und leise vonstatten, sondern wird begleitet von den bekannten Droh- und Abwehrlauten – zusammengenommen ergibt sich ein imposantes Schau- und Hörspiel.

Echte Beschädigungskämpfe sind selten und werden eigentlich nur unter Katern ausgetragen, die um Vorrang und Revier streiten. Wenn es dann wirklich zur Sache geht, geschieht das meist blitzschnell und ziemlich variantenreich: Da gibt es die so genannte Hochabwehr, bei der beide Tiere eher sitzen oder hocken und sich

Ansatz zur Stierstellung, steifbeinig steht der Kater da und droht.

Schritt eins: High Noon auf kätzisch ...

Schritt zwei: Was, Du willst mir wirklich drohen?

mit den Vorderpfoten hauptsächlich das Gesicht zerkratzen. Übrigens eine Haltung, die schon sehr junge Katzen spielerisch üben, wenn sie mit einem Gegenstand kämpfen und dabei »Männchen« machen. Meist aber rollen sich die Kontrahenten, zu einem Fellball verknäult, hin und her. Dabei fliegen die Haare nur so, weil die Krallen tiefe Furchen beim jeweils Anderen hinterlassen. Es wird gebissen, gekratzt und getreten, was das Zeug hält, alles begleitet von Fauchen und Kreischen und Jaulen. »Ich verstehe nicht, warum Cliff nicht aufhört,

Wer seinen Bauch zeigt, demonstriert nicht Demut, sondern höchste Abwehr.

Schritt drei: Es setzt Hiebe.

Schritt vier: Der Stärkere setzt sich durch.

Sam zu verprügeln, obwohl der doch schon am Boden liegt und sich ergibt.« Zu denken, eine Katze habe Unterwerfungsgesten, gehört zu den klassischen Missverständnissen bei vielen Katzenhaltern. Anders als bei Hunden bedeutet das »Bauch zeigen« aber noch lange nicht Aufgabe und Demut, mit der beim Anderen eine Beißhemmung ausgelöst wird. Eine Katze, die auf dem Rücken liegt, hat noch immer alle vier Pfoten frei, um zuzupacken oder loszuschlagen. Meist wird sie das auch tun, um sich wenigstens soweit Luft zu verschaffen, dass sie sich wieder in eine andere Position manövrieren kann. Und deshalb lässt auch der Angreifer längst nicht immer und sofort ab. Wenn er es doch tut, dann nicht, um auf eine Demutshaltung zu reagieren, sondern weil er sich als Sieger fühlt und die Situation als erledigt ansieht. Übrigens, wer als Mensch mit seiner Katze balgt und dann meint, er dürfte sie als Friedensangebot gefahrlos am Bauch kraulen, hat schon schmerzhaft erfahren, wie heftig es sein kann, von vier Pfoten umklammert und dabei noch blitzschnell gebissen zu werden.

Putzen statt prügeln

Manchmal ist ein eher seltsames Verhalten zu beobachten, das mitten in einer eskalierenden Situation völlig fehl am Platz zu sein scheint. Während die Luft vor Spannung vibriert und es jeden Moment zum Kampf zu kommen scheint, fängt eine der beiden Katzen plötzlich an, sich hektisch das Fell zu lecken und zu putzen. Ein Verhalten, das eigentlich für Entspannung und Wohlfühlen spricht. Was soll das sein, ein besonders gekonntes Täuschungsmanöver, um den Gegner in Sicherheit zu wiegen?

Putzen kann eine Übersprungshandlung sein.

Nur nicht auffallen, lieber ducken.

Tatsächlich gehört dieses Putzen zu den klassischen Übersprungshandlungen. Die werden immer dann ausgelöst, wenn sich zwei gleichstarke Triebe blockieren. Angst und Aggression, keiner der beiden Antriebe hat wirklich den Vorrang. Deshalb springt das Verhalten über in eine völlig andere Richtung, die mit der Ausgangssituation nichts zu tun hat. Das kann das Fellputzen sein oder auch ein hektisches Lecken, als ob die Katze gerade einen besonderen Leckerbissen verspeist hätte. Beides dient zum Abbauen der großen Anspannung, unter der das Tier in diesem Moment steht.

Diese Haltung beweist große Angst.

Schlafen gegen den Stress

Schlafen hat immer etwas Entspannendes und Erholsames. Ruhende oder schlafende Katzen vermitteln uns das Gefühl, sie seien mit sich und der Welt zufrieden. Kaum jemand vermutet, dass Schlafen auch etwas mit hochgradigem Stress zu tun haben kann. Wenn Katzen sich in einer ausweglosen Situation befinden, die noch dazu über längere Zeit anhält, dann wählen sie für sich oft eine Art innerer Emigration. Sie ziehen sich ganz und gar in sich zurück und brechen den Kontakt zur Umwelt ab. Sie sind dann nur schwer durch Reize abzulenken oder gar zum Spielen zu bewegen. Sie liegen oft zurückgezogen an einem Ort, der ihnen einen gewissen Schutz bietet und wenden demonstrativ den gesamten Körper von Artgenossen oder Menschen ab. Die Haltung ist dabei nicht entspannt, der Körper wird fest zusammengerollt und damit geschützt. Solche Körperhaltungen nehmen Katzen immer dann ein, wenn sie dem Stress nicht ausweichen können, etwa bei einer Unterbringung im Tierheim mit vielen anderen Katzen gemeinsam oder wenn sie in einer Wohnung mit Artgenossen zusammenleben müssen, zu denen kein freundliches Verhältnis besteht. Auch bei Stress durch Unterforderung und allzu großer Langeweile schlafen Katzen viel – das ist ebenfalls eher ein Rückzugssymptom und ein Zeichen für eine Störung, als Erholung für das Tier.

Tiefer Schlaf, süße Träume.

So sieht entspanntes Schlafen aus, aber Schlafen kann auch ein Abbruch der Kontakte zur Umwelt sein.

Kapitel 5

Spiel und Ernst

Jeany und Piet, Rochus und Puck, Josy und Jimmy haben eigentlich nur eines im (Un)sinn: Spielen. Katzenkinder erkunden die Welt im Spiel. Alles will berochen und angetatzt werden. Alles ist neu, alles ist aufregend, alles bewegt sich, wenn man es nur anstupsen kann: Papierkügelchen, Blumentöpfe, Zeitungen, Futterdosen. Es gibt eigentlich nichts, was sich nicht als Spielzeug und Beuteersatz eignet. Und verstecken und belauern lässt es sich wunderbar in Wäschekörben, Waschmaschinen, hinter Schränken, auf den höchsten Regalen.

Freigänger spielen nicht?
Spiel oder Ernst?
Spielen ist nicht gleich Spielen

Die Katzenkindheit ist ein einziges Abenteuer, das spielend bewältigt wird. Aber Spielen ist nicht gleich Spielen und den Samtpfoten dient es längst nicht nur einfach zur Unterhaltung. Für den Nachwuchs ist es überlebenswichtig, um die Welt und ihre Gefahren zu erkunden. Für die erwachsene Katze hat es noch viele andere Funktionen.

Schon in der vierten bis fünften Lebenswoche, wenn die pelzigen, tapsigen Fellwesen langsam beginnen, festes Futter zu sich zu nehmen, fangen die Kleinen an zu spielen. Zunächst noch ungeschickt und nicht immer von Erfolg gekrönt, versuchen sie alles zu fangen, was sich irgendwie bewegt – und wenn es die Schwänze der Geschwister oder der Mutter sind. Jeden Tag mehr entwickelt und verfeinert sich das Spielverhalten. Das liegt am Wachstum, an der zunehmenden Kraft und Geschicklichkeit – und die hat auch mit Training zu tun. Denn nun setzt verstärkt das Balgen und Raufen ein. Und wer genau hinsieht, der wird merken, dass die Jungen hier schon Kampftechniken trainieren, die sie später bei ernsthaften Auseinandersetzungen benötigen. Anspringen, Herumkugeln, auf den wackligen Hinterbeinchen stehen und das Gegenüber mit den Vorderpfoten abwehren, zum Beispiel. Und noch etwas lernen die Zwerge bei dieser Gelegenheit: Mit Aggressionen umzugehen. Denn quiekt der Unterlegene hoch und schrill, dann ist das für den Anderen das Signal, jetzt aber wirklich aufzuhören. Das Kräftemessen ist wichtig für das spätere Sozialverhalten. Welpen, die das nicht durften, weil sie viel zu früh von der Mutter und den Geschwistern getrennt wurden, haben als Erwachsene oft Aggressionsprobleme.

Ungefähr ab der zehnten Woche testet der Nachwuchs seine artistischen Fähigkeiten und balanciert und klettert spielerisch immer neuen Herausforderungen entgegen – auch das ist wichtig für das spätere Katzenleben. Und wenn aus den Säuglingen heranwachsende Halbstarke geworden sind, dann haben sie spielend die Grundtechniken erlernt, die für die perfekte Jägerin Katze so wichtig sind.

Denn Spielen und Beutefang haben vieles gemeinsam. Tatsächlich ähneln sich die Abläufe sehr – nur dass beim Spielen eben die Beute nicht tatsächlich getötet wird. Aber das Belauern, Anschleichen, Springen, Zupacken und Hineinbeißen sind gleich. Erfolgreiche Jäger haben ihre Techniken seit Kindertagen trainiert und perfektioniert.

Spiele mit Federwedel lieben alle Katzen.

Auch mit Ersatzbeute lässt sich üben: Spiel mit Katzenkissen.

Freigänger spielen nicht?

Toby ist der beste Jäger und der größte Streuner. Draußen kann es noch so kalt sein, der Grautiger muss seine Revierkontrollrunden einlegen. Und dabei erwischt er nicht selten Beute, die er seinem Kumpel Paul mitbringt. Eigentlich müsste er ja nun ausgepowert sein von all dem Jagen. Aber Toby ist eine »Spielratz« auch in der Wohnung. Alles ist für ihn Beute, mit allem kann er sich beschäftigen, alles lockt ihn, es zu untersuchen. Ob, wie viel und womit eine Katze spielt, ist individuell unterschiedlich. Es kann vom Alter, dem körperlichen Zustand und den persönlichen Vorlieben abhängen. Sicher ist nur eines: Katzen müssen spielen, ihren wachen Geist beschäftigen und ihren Athletenkörper trainieren, sonst langweilen sie sich schnell. Alles was sich bewegt, Geräusche macht oder duftet wie Beute, übt einen natürlichen Reiz aus. Alles, was nur fade in der Wohnzimmerecke liegt, wird schnell uninteressant. Dieses Wissen macht sich das so genannte »intelligente« Katzenspielzeug zunutze. Wobei natürlich nicht das Spielzeug selbst intelligent ist, sondern die Intelligenz und das Denkvermögen der Tiere herausfordert. Die müssen clevere Strategien entwickeln, um an ihr Ziel zu kommen. Das ist in der Regel die Beute, also Futter oder ein Lieblingsleckerchen. Dazu müssen sich die Katzen vielfältiger Techniken bedienen: Sie müssen pföteln, stupsen, lecken, kratzen, schubsen, ziehen – kurz alle Bewegungsmuster zeigen, die sie auch anwenden, wenn sie auf Beutefang gehen. Wer schon einmal eine Katze vor einem »Fummelbrett« – ob nun selbst gebastelt oder gekauft – hat sitzen sehen, der weiß, wie es aussieht, wenn sie vor einem Mauseloch sitzt und versucht, die Beute mit den extrem beweglichen Pfoten herauszuangeln.

Spiel oder Ernst?

Rochus wird von seinen Besitzern gerne »kleiner Machokater« genannt. Denn nichts tut er lieber, als spielen, kämpfen, kämpfen, spielen. Mit allem, was sich bewegt, auch gerne mit menschlichen Händen und Füßen. Die sind beutegroß und leicht zu packen. Außerdem quieken die Besitzer dieser Hände und Füße so schön, wenn er seine kleinen, aber spitzen Krallen und Zähne hineinschlägt. So lange Rochus noch ein niedliches Katzenkind war, fanden seine Besitzer das auch wirklich putzig. Aber jetzt macht es ihnen weniger Spaß, von einem kräftigen Jungkater immer noch gebissen zu werden. Und wenn sie versuchen, ihre Hände aus seinem Maul zu befreien, packt er nur umso fester zu und will nicht mehr loslassen. Ist das noch Spiel oder Ernst? Warum ist er so aggressiv? Will Rochus seine Menschen dominieren?

Hier ist die Spielwelt noch in Ordnung. Wer aber sehr rabiat mit seiner Katze spielt, riskiert Tatzenhiebe.

Beutetraining

Die Antwort liegt in einem Phänomen, das sich »überzogene Spielaggression« nennt. Sie tritt oft auf bei Katzen, die nicht gelernt haben, sozial zu spielen und die Schmerzgrenzen des Sparringpartners zu akzeptieren. Sie kann aber auch das Ergebnis falscher Erziehung sein: Menschen haben aggressives Spielen bei der jungen Katze unabsichtlich gefördert, denn da war es ja noch niedlich und herzig.

Beim erwachsenen Tier wollen sie es nun aber nicht mehr dulden. Da hilft nur konsequente Erziehung, der Katze klare Grenzen zu setzen und ihr anderweitige, interessante Spielangebote zu machen.

Spielen ist nicht gleich spielen

Der Katzenforscher Paul Leyhausen hat beschrieben, dass Katzen sehr unterschiedliches Spielverhalten zeigen. Wobei das Wort Spielen hier fast nicht zutreffend ist. Das »Angst- und Ermüdungsspiel« ist zum Beispiel eine Jagdtechnik, die bei gefährlicher Beute angewendet wird. Die Katze umtänzelt den angeschlagenen Gegner wie ein Boxer, tatzt ihn immer wieder an, prüft, wie wehrfähig er noch ist – bevor sie ihn mit einem Biss tötet.

Diese Körperhaltung wird später auch im Kampf nützlich sein.

*Wenn der andere quiekt, ist das das Signal zum
Aufhören.*

»Gehemmtes Spiel« zeigen oft Katzen, die
zwar aus lauter Goodwill auf die Animations-
versuche des Menschen reagieren. Aber eigentlich sind sie gar nicht in Spiellaune – weil
sie müde oder satt sind, die Tageszeit falsch,
die Umgebung beängstigend oder ihnen das
neue Spielzeug bestenfalls ein müdes Lächeln
entringen kann.
Das »Stauungsspiel« ist das, was den Katzen
die meisten Vorurteile und die größte Abneigung eingetragen hat. Denn bei Spiel denken
wir Menschen an Freude, Unterhaltung und
Entspannung.

*Was für uns ein grausames Spiel ist, ist für die Katze
Überlebenstraining.*

Bester Kumpel und Sparringspartner ...

Und wir unterstellen der Katze, dass sie Spaß daran hat, ein Beutetier immer wieder anzugreifen, es erneut entkommen zu lassen, nur, um es wieder anzugreifen. Das sieht für uns so aus, als ob die Katze Freude an der Grausamkeit hat und mit Lust quält. Nichts davon stimmt.

Das »Stauungsspiel« hat etwas damit zu tun, dass sich der Drang zu jagen, zu belauern und zu fangen bei Mangel an Gelegenheit viel stärker steigert, als der Drang zu töten. Wenn Katzen lange nicht gejagt haben, reagieren sie oft erst diesen Trieb ab, bevor sie zubeißen. Dass dieser Trieb stärker sein muss, ist nur folgerichtig: Um einmal Beute zu machen, muss ein Tier oft etliche Versuche unternehmen, bis es Erfolg hat. Das Spielen mit der Maus hat also ganz und gar nichts mit Freude und bewusster Grausamkeit zu tun, sondern mit dem Ausleben des Jagdinstinkts.

Für uns schon viel verständlicher ist das »Erleichterungsspiel«. Hier wird ausschließlich mit der toten Beute gespielt – vor allem, wenn sie ein gefährlicher Gegner war. Wenn eine Hauskatze tatsächlich eine Ratte erlegt hat, dann lässt sich manchmal das Erleichterungsspiel beobachten. Die extreme Anspannung des Kampfes bricht sich Bahn in übermütig aussehenden Sprüngen über und um die Beute. Manchmal wird die auch noch angetatzt, gepackt und hochgeworfen – sozusagen die getanzte Umsetzung des Satzes:

Obwohl die Maus schon tot ist, spielt die Katze noch mit ihr.

»Hurra, ich hab sie erledigt.«

Kapitel 6

Wonach duftet es denn hier?

»Mach die Tür auf, ich will raus!« Terrys Frauchen kennt das schon. Morgens um fünf macht sich der Kater bemerkbar. Er verlangt nachdrücklich und lautstark, dass die Terrassentür geöffnet wird. Denn dann ist es höchste Zeit für einen Patrouillenrundgang durch den Garten, der jeden Morgen gewissenhaft erledigt werden muss. Schließlich besitzen die Nachbarskatzen, die draußen herumstrolchen, nachts die Frechheit, auch in Terrys Garten zu kommen. Dass die aufdringlichen Kerle schon wieder da waren, muss der Kater nicht sehen: Er riecht sie. Vor allem den jungen Desmond, der noch nicht kastriert ist.

My home is my castle
Seltsame Grimasse: Flehmen
Katzen, die geborenen Dekorateure
Die geheimnisvollen Pheromone
Der Rausch der Düfte

Beim Markieren steht die Katze, der Schwanz ist hoch erhoben und der Harn wird waagerecht gespritzt.

Der nämlich hinterlässt unmissverständliche Botschaften geruchlicher Art. Er markiert immer wieder einen ganz bestimmten Busch, der genau an der Grundstücksgrenze steht. Weiter kann Terry seine Spur verfolgen – Desmond hat an der Wand der Gartenlaube markiert, dann am Sandkasten und schließlich einen Bogen geschlagen bis zum Haus – Terrys Allerheiligstem. Unverschämt! Auch da hat er eine Botschaft hinterlassen: »Zeig dich doch, du alter Feigling. Komm raus, wenn du Mut hast.« Dass man als gestandener Kater so etwas riechen muss. Terry greift zum duftenden Gegenargument und spritzt seinerseits überall im Garten seine Nachrichten. »Na warte, Bürschchen, hier hab ich das Sagen.«

Im Gegensatz zum Menschen, dem Augentier, das nur über Sehen und vielleicht noch Hören kommuniziert, setzen Katzen ganz selbstverständlich auf einen dritten Verständigungskanal. Sie reden olfaktorisch, also per Duft. Und diese Botschaften werden immer dann wichtig, wenn sich die Tiere nicht unmittelbar sehen oder hören können, aber etwas mitzuteilen haben. »Ich war hier«, könnte die Botschaft lauten. Oder »Mein Revier, mein Haus, mein Garten, mein Mensch.« Katzen setzen Duftmarken, sie markieren etwas und kennzeichnen es damit. Zum Beispiel mit Harn. Das tun sie in einer immer gleichen Körperhaltung, die unverwechselbar ist. Im Gegensatz zum Urinieren stehen sie dabei, der Schwanz wird starr in die

Beim Urinieren sitzt das Tier und scharrt anschließend seine Hinterlassenschaften zu.

Höhe gereckt und die Spitze zittert ganz charakteristisch. Die Katze wendet dem Gegenstand, den sie markieren will, das Hinterteil zu und spritzt in rund 20 bis 30 Zentimeter Abstand Urin. Oft trippeln dabei auch die Hinterpfoten auf der Stelle. Da dieses Spritzen Mitteilungscharakter hat, werden die Stellen nicht wahllos markiert, sondern haben aus Katzensicht eine besondere Bedeutung. Häufig sind es markante Stellen, Grenzübergänge im Revier wie Hecken, Pfosten, Zäune, Wasserfässer, hohe Blumentöpfe. Und wenn Katzen in der Wohnung markieren, denn auch das kommt vor, dann ersetzen sie die Büsche einfach

Oha, ein Malheur ist passiert. Die Kleine versucht instinktiv zu scharren.

In der Toilette wird Urin abgesetzt.

durch Tür- und Fensterrahmen oder Wohnungs- und Hauseingänge.

Noch immer denken viele Menschen, nur potente Kater könnten und würden markieren. Sicher ist dieses Verhalten bei ihnen häufiger zu finden. Aber es können grundsätzlich auch Kastraten markieren, ob nun männlich oder weiblich. Allen gemeinsam ist, dass sie mit Harn etwas über sich mitteilen: Über ihr Geschlecht, ihre körperliche Verfassung, ihre Stimmung oder ihren Hormonhaushalt. Vermutlich nutzen die Katzen Markierungen auch als eine Art Verkehrsregelung: Sie gibt Auskunft darüber, wer wo und wann entlanggestreunt ist und sorgt dafür, dass sich aus dem Weg gehen kann, wer will. Damit werden viele Konflikte vermieden. Wer einmal die Harnmarken eines potenten Katers gerochen hat, der wird das so schnell nicht aus der Nase bekommen. Denn der Geruch ist beeindruckend und lang anhaltend.

Nicht nur mit Harn wird markiert, sondern auch mit Kot. Mit den wilden Verwandten haben manche Hauskatzen die Angewohnheit gemein, ihre duftenden Häufchen an gut sichtbaren Stellen zu positionieren und auch nicht zuzuscharren. Eine eindeutigere Visitenkarte für jeden zu hinterlassen, der auf vier Pfoten des Weges schreitet, ist wohl nicht möglich.

Was unterscheidet eigentlich Urinieren und Markieren?

Wir reden oft davon, dass eine Katze markiert, wenn sie eigentlich uriniert. Auch wenn es für uns Menschen ähnlich aussieht, hat es doch ganz unterschiedliche Bedeutung. Woran lässt sich das Urinieren erkennen? Die Katze scharrt in der Toilette Streu beiseite, setzt sich und sondert eine größere Menge Urin ab. In der Regel tut eine gesunde Katze das zwei- bis viermal täglich. Nach dem Urinabsatz dreht sie sich zumeist um, beriecht ihre Hinterlassenschaft und scharrt sie zu. Das Markieren geschieht in der Regel im Stehen in der bereits beschriebenen charakteristischen Haltung, die Katze wendet sich ab, ohne zu schnüffeln oder zu scharren. Markieren gehört anders als das Urinieren in den Bereich des Territorialverhaltens, denn es hat Bedeutung für das Zusammenleben mit Artgenossen.

My home is my castle

Belinda ist eine drei Jahre alte Britisch-Kurzhaar-Kätzin und lebt im Haushalt eines Hobbyzüchterpaares noch mit drei anderen Kätzinnen und derzeit zwei Würfen zusammen. Ihre Menschen sind ziemlich verzweifelt, denn Belinda markiert. Vorzugsweise in der Küche gegen die Schränke, gerne aber auch gegen die freistehenden Stützbalken, die Küche und Essplatz in diesem alten Fachwerkhaus voneinander trennen. Zweimal täglich reinigt die Züchterin die Küche gründlich, aber alles vergebens. Was will Belinda damit nur sagen? Ist sie eifersüchtig auf die anderen Katzenmütter und deren Kinder, verlangt sie nach mehr Zuwendung von ihrem Menschen? Kaum ein Mehrkatzenhaushalt kennt nicht das Problem des Markierens. Die Wahrscheinlichkeit, dass bei fünf, sechs, sieben oder mehr Katzen immer eine markiert, steigt mit jedem Tier an. Denn zwangsläufig überschneiden sich in der Wohnung, und sei sie noch so groß, die Reviere. In Katzengruppen, die nicht wirklich harmonisch zusammenleben, sorgt das für Stress. Und häufig sind es nicht einmal die Chefs und Chefinnen, die dann markieren, sondern die Tiere aus der zweiten Reihe, die sich auf diese Art und Weise Geltung verschaffen wollen.

Markieren in der Wohnung oder im Haus ist immer besonders unangenehm, denn oft werden Möbelstücke Opfer der Attacken, die sich nur schlecht reinigen lassen. Gründliche Ursachenforschung ist also angesagt.

Viele Katzenbesitzer sind überrascht, dass ihre Samtpfoten markieren, auch wenn sie Einzeltiere sind und ohne Artgenossen leben. Die Ursache ist meist darin zu finden, dass Freigänger sich draußen sehr wohl mit anderen Konkurrenten auseinandersetzen müssen. Und wer den Revierkampf verliert, womöglich gegen einen potenten Rivalen, der meint eben oft sein Territorium wenigstens drinnen verteidigen zu müssen, wohin der Gegner nicht kommen kann. Das gilt auch für Wohnungskatzen, die ihre Artgenossen ungehindert draußen herumstromern sehen und selbst nicht hinaus können. Die große Erregung darüber führt bei einigen dazu, dass sie markieren.

Seltsame Grimasse: Flehmen

Wenn die Kater Helge und Schneider durch den Garten schlendern, dann bleiben sie manchmal stehen, wie vom Donner gerührt. Sie verharren ganz still und machen nur eine etwas komisch anmutende Grimasse. Dabei öffnen sie das

Beim Flehmen wird der Geruch erschmeckt.

Maul, ziehen die Mundwinkel ein wenig nach hinten und nehmen einen völlig konzentrierten Gesichtsausdruck ein. Helge scheint vor lauter Anstrengung fast ein wenig zu schielen, was seine Menschen immer zum Lachen reizt. Er wirkt dann wie »weggetreten«. Tatsächlich tut er etwas, was etliche Säugetiere wie Pferde, Ziegen oder Kamele können, wir Menschen aber nicht: Er flehmt. Das kann er dank eines besonderen Organs, benannt nach dem dänischen Gelehrten Ludwig Levin Jacobson. Denn das Jacobsonsche Organ, angesiedelt zwischen der Rachen- und der Nasenhöhle, macht es möglich, einen Geruch gleichzeitig zu »schmecken« und zu riechen. Beim Einatmen werden Geruchsstoffe am Gaumen entlang dorthin geleitet und verarbeitet. Katzen flehmen besonders häufig dann, wenn sie Markierungen von Artgenossen nachspüren.

Konzentrierter Gesichtsausdruck beim Flehmen.

Katzen, die geborenen Dekorateure

Lieben Sie Ordnung, Übersicht, eine aufgeräumte Wohnung? Sind Ihnen Haare und Fuseln auf Ihren cremefarbenen Designermöbeln ein Graus? Und vor allem: Haben Sie Ledersofas? Dann sollten Sie doch erwägen, sich als Hausgenossen lieber einen Wellensittich anzuschaffen. Denn eine Katze wird dieses Ambiente als Herausforderung verstehen, ihre Kreativität nachdrücklich unter Beweis zu stellen. Wie? Mit ihren Krallen natürlich. Sie glauben, dass sei Mutwillen und Sie würden ihr das schon abgewöhnen? Ihre Katze denkt anders. Das Wetzen der Krallen an der Eingangstür, an der Tapete im Flur, an Vaters Lieblingssessel hat weniger mit Böswilligkeit zu tun, als mit einem starken Antrieb. Zum einen ist es für die Jäge-

rin, die eine Katze nun mal ist, auch in der Wohnung selbstverständlich, ihre Waffen immer gebrauchsfähig und in gutem Zustand zu halten. Das Wetzen der Krallen gehört zur Pflege einfach dazu, denn dadurch werden sie messerscharf und können so richtig schön zupacken und festhalten. Aber das Krallenwetzen erfüllt noch einen anderen Zweck: nämlich den, gleichzeitig eine sichtbare mit einer Geruchsbotschaft zu kombinieren. Neben dem Harn- und Kotmarkieren gibt es auch das Kratzmarkieren. Und dabei bieten alle Untergründe, die einen gewissen Widerstand leisten, also etwa grobfaserige Tapeten, grobe Stoffe, aber eben auch Leder, einen wunderbaren Widerstand. Da macht das Kratzen und Wetzen doppelten Spaß. »Mit den Krallen geschrieben« ist dabei ganz wörtlich zu nehmen. Katzen haben zwischen den Zehen Duftdrüsen, die beim Wetzen duftende Spuren hinterlassen. Das mag für

Fensterrahmen sind natürliche Revierbegrenzungen und werden gerne mal markiert – auch mit den Krallen.

Katzen dekorieren gerne mal neu – auch die Polstermöbel.

menschliche unterentwickelte Nasen vielleicht nicht schnupperbar sein, für andere Katzen schon, zumal ja immer wieder gerne dieselben Stellen aufgesucht und zerkratzt werden. Ob nun Baum oder Sessel: gekratzt wird, bis die Fetzen hängen.

Das macht klar, warum Katzen, zumal, wenn sie nur in der Wohnung gehalten werden, so dringend Kratzmöbel brauchen, an denen sie ihren Drang ausleben können und dürfen.

Was bedeutet es eigentlich, wenn Katzen ihren Kratzbaum missachten?

Der Kratzbaum gefällt nicht? Dafür kann es viele Gründe geben. Vielleicht ist er einfach zu klein? Er steht an einem nur für Menschen attraktiven Standort? Ist er stabil und nicht zu wackelig? Bietet er eine schöne Plattform mit Ausguck? Riecht er womöglich nach Chemie? Bietet er wirklich die Möglichkeit, auf den Hinterbeinen zu stehen und mit den Vorderpfoten zu kratzen?

Die geheimnisvollen Pheromone

Körpereigene Duft- oder Botenstoffe, die Pheromone, produzieren Mensch wie Katze. Und natürlich viele andere Tierarten auch. Nur nehmen wir Zweibeiner diese Duftstoffe eher unbewusst wahr, obwohl sie durchaus bei unserem Kontakt mit anderen Menschen eine große Rolle spielen. Wir können ja sprichwörtlich jemanden »nicht besonders gut riechen«. Das heißt, wir mögen ihn und seinen körpereigenen Duft nicht.

Katzen setzen ihre Gesichtspheromone zum Beispiel immer dann ein, wenn sie Köpfchen geben oder sich mit dem Kopf vom Kinn bis zur Wange an Gegenständen oder am Menschen

Markiert wird auch durch Wangenreiben.

reiben. Dabei übertragen sie den eigenen Duft und stellen so einen gemeinsamen, bekannten und vertrauten Familiengeruch her. Die Kommunikation über diese Duftstoffe macht sich die Verhaltenstherapie zunutze, indem sie synthetisch hergestellte Pheromone verwendet: etwa immer dann, wenn es um Angst, Unsicherheit oder Unsauberkeit geht.

Nicht jeder Kratzbaum gefällt und lädt zum Kratzen ein.

Mit einem Verdampfer, der in die Steckdose gesteckt wird, oder einem Spray werden der Katze geruchliche Botschaften übermittelt, die besagen: »Hier ist alles bekannt und vertraut.« Deshalb werden diese Duftstoffe manchmal auch bei der Zusammenführung von mehreren Katzen benutzt. Der Mensch besprüht seine Hände und streichelt erst die eine, dann die andere Katze, damit alle den gleichen vertrauten Duft annehmen.

Im Rausch der Düfte

Eingeschlafene Füße? Ziemlich reifer Käse? Jeder, der diesen Geruch zum ersten Mal schnuppert, findet dafür eine andere Umschreibung. Aber bei den meisten ist es eher ein heftiges Zurückzucken und Naserümpfen, als Wohlbehagen. Bei fast allen Katzen stellt sich wohl das genaue Gegenteil an Gefühlen ein. Baldrian wirkt stimulierend und das meist heftig. Wer in seinem Garten einen Baldrian, »Valeriana officinalis«, pflanzt, wird erleben, wie die Katzen buddeln und graben, um an die Wurzeln heranzukommen. Aber auch Spielzeug, mit den geschnittenen Wurzeln befüllt, versetzt die allermeisten Samt-

Die Waffen einer Katze werden stets sorgfältig gepflegt. Dabei hinterlässt sie gleichzeitig ihre Duftspuren. Das nennt man Kratzmarkieren.

pfoten in einen wahren Rausch. Da werden Mäuse oder Kissen beleckt, besabbert, getreten, in die Luft geworfen, sich darin gewälzt und wieder besabbert, dass es eine wahre Wonne ist. Wenn der Rausch verflogen ist, hilft meistens kräftiges Kneten des Spielzeugs, damit sich der Duft wieder entfaltet und das Spiel von Neuem beginnt.

Nur ganz wenige Tiere reagieren entweder gar nicht oder sehr aggressiv auf diesen Duft. Ähnliches gilt für Katzenminze, die sich ebenfalls großer Beliebtheit erfreut. Aber wer und warum auf was reagiert, das bleibt das Geheimnis einer jeden Samtpfote.

So schön kann ein Baldrianrausch sein.

Kapitel 7

Verstehen und Missverstehen zwischen Mensch und Katze

Warum nur sitzt Gina immer dann auf dem Schreibtisch und miaut aus voller Kehle, wenn ihr Mensch gerade ein wichtiges Telefonat führen muss? Was hat sie nur? Hunger, Langeweile? Ist sie einfach eifersüchtig, verärgert oder will sie im Mittelpunkt stehen? Jedenfalls hält sie ihren Menschen ganz schön von der Arbeit ab. Und damit der sich weiter konzentrieren kann, gibt es ein paar einhändige Streicheleinheiten und ein Leckerchen. Drei Minuten später: durchdringendes »Miaaaauou«. Herrjeh, was will sie denn nun?

Aufmerksamkeitserregendes Verhalten
Antworten für Plappermäulchen
Missverständnisse

Was will sie mir sagen?

Für uns Menschen ist es nicht immer leicht, Tierverhalten zu verstehen und oft kommt es auch zu Missverständnissen. Die können recht komisch sein, aber manchmal sind sie auch sehr traurig. Dann nämlich, wenn der Zweibeiner dem Vierbeiner böse Absichten unterstellt oder aus Angst dessen Verhalten falsch interpretiert. Wollen Hunde wirklich nur spielen, wenn sie uns anspringen und können Katzen tatsächlich mit Protest reagieren, wenn ihnen etwas nicht gefällt? Oder unterstellen wir das nur, ohne es wirklich zu wissen?

Eigentlich ist es nur zu verständlich, dass wir unsere menschlichen Gedanken, Empfindungen und Interpretationen auf Tiere übertragen. Es liegt für uns einfach nahe, anzunehmen, ein Hund oder eine Katze würde selbstverständlich so denken, wie wir. Wenn uns etwas nicht passt, dann sagen wir eben unsere Meinung und zeigen unseren Protest. Also tun Katzen das auch, oder? Naheliegend mag solches Denken sein, richtig ist es nicht.

Oder besser gesagt, es wird dem Wesen eines Tieres nicht gerecht. Vierbeinern menschliches Verhalten zu unterstellen, nennen die Zoologen »anthropomorph«. Beispiele dafür sind der »böse« Wolf, der »listige« Fuchs, der »treue« Hund, der »kluge« Rabe, die »grausame« Katze. Aber eine Katze ist einfach eine Katze und denkt und fühlt und handelt wie eine Katze. Mögen wir, Mensch und Tier, auch manches gemeinsam haben, so ist jede Spezies doch ein-

Mit Menschen muss man deutlich reden.

zigartig in ihrem Verhalten und nicht gleich zu setzen mit anderen Lebewesen. Wer sich das immer wieder vor Augen führt, wird es leichter haben, zu verstehen, was sein vierbeiniges Familienmitglied mitteilen will.

Den Hunden wird gerne nachgesagt, sie hätten wegen ihrer langen Domestikationsgeschichte und des engen Zusammenlebens mit dem Menschen eine engere Bindung an uns entwickelt und deshalb würden wir sie besser verstehen. Katzen dagegen seien unabhängige Wesen und

für Menschen nur schwer zu durchschauen. Das mag sein, richtig ist aber allemal, dass Katzen umgekehrt sehr gut verstehen, wie sie uns dazu bewegen können, genau das zu tun, was sie möchten. Sicher sind wir alle aus Katzensicht etwas langsam im Begreifen und deshalb bemühen sich die Miniaturtiger, mit uns langsam und deutlich zu reden. Zunächst mit eindeutigen Körpersignalen und für die ganz schweren Fälle unter uns auch verbal und lautstark.

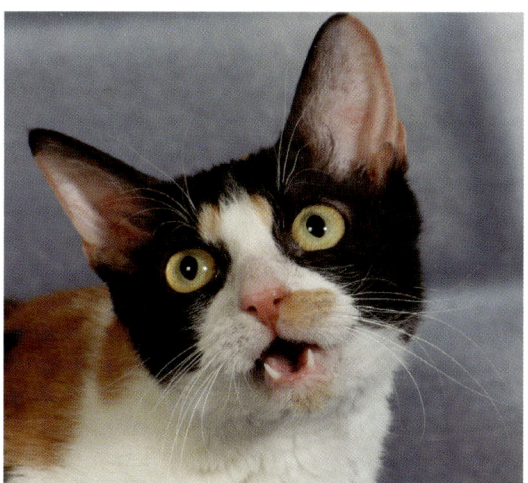

Ich möchte Aufmerksamkeit.

Nun tu schon endlich, was ich möchte.

Aufmerksamkeitserregendes Verhalten

Toby miept wie ein Katzenbaby, Paul mrrrrt, Gina schreit aus voller Kehle, Lovely stupst in die Füße, Trienchen springt auf den Tisch, Puck kratzt wie wild am Tischbein, Tammy zirpt wie ein Vögelchen, Flimpi rennt unaufhörlich die Treppe hinauf und hinunter, Fabienne hebt sachte die Pfote und legt sie dem Menschen auf das Knie. Ach ja, jede Katze hat so ihre Methode, um auf sich aufmerksam zu machen. »Wann endlich, Mensch, merkst Du, was ich will?« Gleich, welches Mittel eine Katze wann wählt: Sie zeigt ein Verhalten, mit dem sie Aufmerksamkeit auf ihre Bedürfnisse lenken will. Und sie hat im Laufe des Zusammenlebens mit ihrem Menschen durch Versuch und Irrtum und viel kätzische Geduld gelernt, was jeweils am ehesten Erfolg verspricht. Denn Erfolg hat es immer, das samtpfotige Signalprogramm. Irgendwann gibt der genervte Mensch schon auf, was er gerade tun will und den Wünschen seiner Hausgenossin nach. Na also, Spiel, Satz und Sieg für die Katze. Was daran schlimm ist? Eigentlich nichts, nur dass gerade die Vierbeinerin den Zweibeiner erzogen hat, nicht umgekehrt. Wie heißt es doch gleich so richtig? »Hunde haben Herrchen, Katzen Personal.« Wie wahr.

Antworten für Plappermäulchen

»Meine Katze ist ein richtiges Plappermäulchen. Sie miaut den ganzen Tag. Wie reagiere ich am besten darauf?« Mancher Tierbesitzer hat sich diese Frage schon gestellt. Aber darauf gibt es nicht nur eine Antwort. Wer etwa die Siamesen oder deren Abkömmlinge kennt,

So manche Begrüßung fällt eher zurückhaltend aus.

weiß, wie ungeheuer stimmgewaltig und erzählfreudig diese eleganten Tiere gelegentlich sein können. Das ist eine genetische Veranlagung, die bei den Menschen nicht immer für Freude sorgt, die sich aber auch nur schwer in den Griff bekommen lässt.

Ist die Katze weder taub noch krank und plappert dennoch immerzu, dann geht es um ein Pokerspiel. Wer schwache Nerven hat, kapituliert früher oder später und tut, was verlangt wird: Öffnet zig Dosen oder Tüten nacheinander oder macht Platz im Bett. Manche Menschen versuchen es mit beschwichtigendem Zureden und hoffen auf ein Einsehen. Das Ergebnis: Die Katze »redet« nur noch mehr, lauter, intensiver.

Hier kann nur die so genannte Extinktion helfen, also das »Löschen« unerwünschten Verhaltens. Damit ist das völlige und absolut konsequente Ignorieren gemeint. Denn wer seinerseits reagiert, gleich ob mit Schimpfen, gutem Zureden, Spiel- oder Schmuseeinheiten, belohnt die Katze für ihr Verhalten. Das Resultat: Das Tier lernt am Erfolg, denn das Miauen hat seinen Zweck erfüllt und die menschliche Aufmerksamkeit erreicht. Viele Besitzer erproben sich in der Extinktion, geben jedoch zu früh wieder auf, wenn der Erfolg sich nicht gleich einstellt. Im Kampf menschlicher gegen kätzischer Dickschädel gewinnt fast immer die Katze. Aber damit wird das unerwünschte Verhalten letztlich nur noch weiter verstärkt: Die Katze hat gelernt, dass es sich lohnt, »den längeren Atem zu haben«. Und wird beim leisesten Widerstand nun eher noch penetranter als vorher ihre Wünsche zum Ausdruck bringen.

Missverständnis eins: Und das soll eine Begrüßung sein?

Ist das nicht herrlich und so anrührend? Wir kommen aus dem Urlaub zurück und unser Hund freut sich wie verrückt. Er springt stürmisch an uns hoch, leckt uns über das Gesicht, bellt sich schier heiser – das muss wahre Liebe sein. Was tun dagegen die Damen und Herren Katze? Nichts dergleichen. Weder sausen sie herbei, noch miauen sie vor Freude, noch springen sie uns auf den Arm. Im Gegenteil, wer versucht, seine Samtpfoten zwangsweise zu beschmusen, weil das Glück mit ihm durchgeht, der kann sich nicht selten auf einen mehr oder minder heftigen Tatzenhieb einstellen. Langsam und vorsichtig nähert sich, wenn überhaupt, das Katzentier, nur um dem empörten Halter dann demonstrativ das Hinterteil zuzudrehen. »Ist das zu glauben? Lässt sich Protest noch eindeutiger zeigen, als sich einfach abzuwenden?« Schon ist das vier- und zweibeinige Missverständnis perfekt.

In Wirklichkeit sind Katzen Gewohnheitstiere und Veränderungen können sie schnell aus dem Gleichgewicht bringen. Dazu gehört die Abwesenheit eines vertrauten Menschen. Eine gewisse Vorsicht bei seiner Rückkehr ist da nur natürlich. Und das Abwenden des Körpers muss nicht unbedingt mit Desinteresse zu tun haben. Wenn die Katze den Schwanz dabei hoch erhebt oder leicht zur Seite legt, kann es durchaus die Einladung zu einer freundlichen Analkontrolle sein – eben ein Begrüßungsangebot der anderen Art. Wer solch nett gemeinte Aufforderungen nicht zu würdigen weiß und stattdessen darauf besteht, seinen Haustiger stürmisch zu herzen und zu drücken, begeht einen groben Fauxpas.

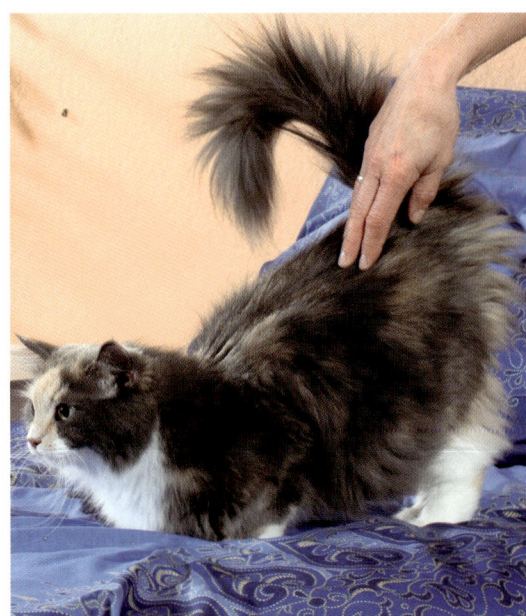

Diese Katzen zeigen deutlich, dass sie es lieben, gestreichelt zu werden.

Da kann es eine Mieze schon eher verzeihen, wenn sie nur verbal begrüßt, aber so lange in Ruhe gelassen wird, bis sie selbst entscheidet, Kontakt aufzunehmen.

Zum Beispiel, wenn nach allem Auspacken und Aufräumen Ruhe eingekehrt ist und die ungeteilte Aufmerksamkeit endlich wieder ihr alleine gehört. Aber vielleicht streicht sie ja auch schon ganz sanft und leise um die Beine oder stupst zart mit dem Köpfchen dagegen? Das ist zwar nicht so laut wie Hundegebell, aber auf Samtpfotenart doch völlig eindeutig eine freundliche Begrüßung. Denn beim Reiben werden die körpereigenen Duftstoffe auf den jeweils Anderen übertragen und in das eigene Fell aufgenommen. »Alle duften wir gleich, wir sind eine Familie«, könnte das heißen.

Missverständnis zwei: Wedeln ist nicht nur Freude

Das kennen wir von Hunden: Bei großer Freude, etwa bei einer stürmischen Begrüßung, wedeln die Hunde mit dem Schwanz. Manche kreisen damit, als ob sie einen Propeller am Hinterteil befestigt hätten. Und je heftiger das Wedeln, desto mehr meinen wir, Freude erkennen zu können. Schon mancher Hund und mancher Mensch hat die böse Erfahrung gemacht, dass Schwanzwedeln bei der Katze nicht die gleiche Bedeutung hat. Das Zucken des Schwanzes weist bei den Feliden eigentlich nur auf eines hin: einen gewissen Spannungs- oder Erregungszustand. Der kann Positives wie Negatives bedeuten, ebenso Stress signalisieren wie freudige Aufregung, weil es gleich Futter gibt.

Ein wedelnder Schwanz kann, wie hier, Freude bedeuten, muss es aber nicht.

Missverständnis drei: Streicheln nur mit Erlaubnis

Möchten Sie gerne von einem wildfremden Menschen angefasst und gestreichelt werden? Na, also, Ihre Katze auch nicht. Dennoch erwarten wir ganz selbstverständlich, dass unsere Vierbeiner sich von jedem Besuch anfassen und beschmusen lassen – ohne Ansehen der Person. Und fühlt sich der Minitiger dann noch bedrängt und versucht auszuweichen und sich zu entziehen, dann finden Tanten, Onkel und Nachbarn das seltsam und dass Ihr Liebling aber eine »komische« Katze ist. Selbst bei vertrauten Menschen mögen es längst nicht alle Samtpfoten, immer und überall angefasst und gestreichelt zu werden. Jede hat ihre bevorzugten Körperstellen, an denen sie gerne berührt wird: unter dem Kinn, hinter den Ohren, am Rücken, unter dem Bauch. Und andere mögen es eben genau an diesen Stellen nicht so gerne. Oder einfach nicht so lange. Oder nicht so grob. So hat es auch überhaupt nichts mit Hinterlist, Zickigkeit oder Unberechenbarkeit zu tun, wenn eine Katze sich mitten im Streicheln herumdreht und der Hand, die sie beschmust, einen kräftigen Hieb versetzt. Oder einmal schnell und kräftig hineinbeißt. Was uns unbegreiflich undankbar erscheint, hat einfach nur mit unserer fehlenden Aufmerksamkeit zu tun. Schon lange vorher geben die schnurrenden Fellträger feine Körpersignale, dass es nun genug ist: Der Rücken spannt sich, die Ohren drehen sich nach hinten, der Schwanz zuckt, die Pupillen erweitern sich. Jetzt ist es Zeit, die Hände zurückzuziehen. Tja, wer solche Warnsignale nicht versteht oder nicht beachtet, dem kann eben nur mit schlagkräftigen Argumenten auf die Sprünge geholfen werden.

Das muss Katerchen Clayton erst noch lernen. Das pechschwarze Katzenkind hat sich von allen Spielzeugen ausgerechnet den Schwanz seiner Mutter als Ersatzbeute ausgesucht. Und den versucht er beharrlich zu fangen. Aber auch der geduldigsten Katzenmutter wird es irgendwann zuviel: Clayton bekommt per Tatzenhieb zu spüren, dass es genug ist. Übrigens: Das Jagen des eigenen Schwanzes zeigen manche Katzen bis ins hohe Alter als reines Spielverhalten. Es darf jedoch nicht verwechselt werden mit aggressiven Attacken und Bissen in den eigenen Schwanz, die zu erheblichen Verletzungen und Verstümmelungen führen können. Das ist in jedem Fall eine ernsthafte Störung, die oft von Schmerzen ausgelöst wird und behandelt werden muss.

Hochheben lässt sich eine
Katze nur dann, wenn sie das
als Katzenwelpe gelernt hat.

Missverständnis vier:
Hochheben nicht erwünscht

Flimpi ist zu ihrem Namen gekommen, weil sie, sagt der Tierarzt, so »glitschig ist, wie Spaghetti«. Bei der Untersuchung strampelt sie sich aus jedem noch so professionellen Griff frei. Weil »Glitschi« selbst als Spitzname nicht eben schön klingt, heißt sie nun Flimpi. Aber hochheben und festhalten lassen will sie sich trotz Namensänderung immer noch nicht. Und nicht nur vom Tierarzt nicht. Nein, überhaupt von keinem Menschen. Damit ist die kleine Kätzin nicht alleine. Was uns als völlig selbstverständlich erscheint, weil wir es angenehm finden, das ist für eine Katze unter Umständen der pure Stress: das Hochgehoben- und Herumgetragenwerden.

Katzen haben, wie auch andere Lebewesen, eine so genannte Fluchtdistanz. Das bedeutet nichts anderes, als dass sie versuchen, auszuweichen, wenn ihnen jemand unangenehm zu nahe kommt. Sie fliehen zumindest soweit, bis sie einen sicheren Abstand zwischen sich und die Gefahr gebracht haben. Ist das nicht möglich und die Katze »steht mit dem Rücken zur Wand«, dann wird es gefährlich. Denn wenn die Wehrdistanz unterschritten wird, bleibt dem Miniaturtiger nur die Möglichkeit, sich mehr oder minder erbittert zu wehren. Genau dieses Risiko gehen wir ein, wenn wir eine Katze ungefragt und ungebeten hoch nehmen: Wir verletzen nicht nur alle Regeln für gutes Benehmen, sondern auch alle Instinkte. Denn zumeist halten wir das Tier auch noch so fest, dass die Pfoten eingeklemmt werden. Damit sind alle Möglichkeiten zur Flucht blockiert und Liebe wird zur Falle. Es ist kein Wunder, dass viele Tiere heftig strampeln, um daraus wieder zu entkommen. Es sei denn, sie haben schon als Katzenwelpen gelernt, dass dieses Hochgeho-

ben- und Herumgetragenwerden von Menschen etwas sehr Positives und Schönes sein kann, das sich vertrauensvoll genießen lässt. Dazu aber ist es nötig, dass die Jungkatzen wirklich so früh wie möglich an Hände gewöhnt werden. Hatte der Nachwuchs diese Chance nicht oder hat er sogar schlechte Erfahrungen gemacht, dann wird er im Leben keine wahrhaft große Liebe mehr zu Menschen entwickeln. Das Hochheben ist für solche Tiere fast immer sehr unangenehm, verursacht Angst und wird, wenn überhaupt, nicht lange geduldet.

Missverständnis fünf:
Beißen beim Schmusen

Chanel liebt Menschen. Sie ist eine große Schmuserin: Zutraulich, lieb, freut sich über jede Zuwendung. Und besonders liebt sie es, morgens früh ins Bett zu springen, Nasenküsschen zu geben und mit dem Köpfchen zu stupsen, so lange, bis sie jemand streichelt. Dabei schnurrt Chanel laut und ausgiebig, dreht und wendet sich, damit sie möglichst viel Zuwendung ergattern kann. Und dann: Ihr Mensch fährt mit einem Schmerzensschrei aus dem Halbschlaf auf. Sie hat ihn in den Ellenbogen oder in die Hand gebissen. Und das fühlte sich nicht an wie Zwicken, sondern wie richtig heftiges Beißen. Sie hat das ohne jede Vorwarnung getan. Verflixt, tut das weh. Beim instinktiven Versuch, die Hand aus ihrem Maul zu reißen, packt sie nur noch fester zu. Warum ist sie nur so hinterhältig? Wenn Chanel wüsste, was ihr Mensch da von ihr denkt, wäre sie mit Recht empört. Denn diesmal ist das Beißen wirklich nur ein Zwicken. Nur leider in eine nackte Haut ohne schützendes Katzenfell und deshalb für uns schmerzlich. Der Grund aber ist nicht Aggression, sondern Liebe. Die Katze gerät in eine

Missverständnis sechs: Du willst mich nicht, ich will dich doch

Immer, wenn Erbtante Annegret zu Besuch kommt, ist Katzenalarm angesagt. Nicht nur, dass heftig gesaugt, abgestaubt und aufgeräumt werden muss. Die vier Samtpfoten müssen während des Besuchs auch mit einem Zimmer vorlieb nehmen, in das die Tante garantiert keinen Fuß setzen wird. Denn die hat große Angst vor Tieren generell und vor Katzen besonders. Irgendwie schafft es aber der Chefkater Tommy immer noch, sich im letzten Moment dem Zugriff zu entziehen und sich zu verstecken. Keine fünf Minuten, nachdem die Tante Platz genommen hat, taucht er auf: charmant, gut gelaunt, ein Frauenversteher. Er springt blitzschnell dem Besuch auf den Schoß, gibt Köpfchen und reibt sich wie wild an ihrem Kostüm. Das finden dann alle lustig, nur die Tante nicht. Die erstarrt zu Eis, während es sich Tommy gemütlich macht und sich auf ihren Beinen zurechtlegt. »Das macht der sonst nie, aber der tut ja auch nichts, der will nur schmusen«, heißt es dann. Wirklich? Warum sucht er sich dann ausgerechnet die Person aus, die am wenigsten Wert auf seine Gesellschaft legt? Die Antwort ist ganz einfach: Weil genau diese Person so besonders höflich ist. Denn wer bewusst den Blickkontakt meidet und keine Anstalten macht, eine Katze

solch positive Anspannung, dass diese sich Luft machen muss in kleinen »Liebesbissen«. Und das Festhalten der Hand beim Versuch, sie zurückzuziehen, ist nichts weiter als ein Reflex, nichts wieder herzugeben, was man als Jäger einmal im Maul hat. Wer es schafft, still zu halten, wird merken, dass die Katze nur Sekunden später locker lässt. Ziehen hat also wenig Sinn, schon eher hilft ein kurzes Kommando, um die Beißerin wieder zur Räson zu bringen. Verstehen heißt verzeihen – und am besten morgens einfach weiterschlafen, ohne gefährdete Körperteile aus der Bettdecke zu strecken.

von oben herunter auf den Kopf zu tätscheln oder sie zu bedrängen, der verhält sich streng nach Katzenregel Nummer eins. »Nur nicht anstarren und schon ja nicht anfassen, es sei denn, man wird dazu aufgefordert.«

Missverständnis sieben:
Jägerin oder Gejagte. Katzen und Kinder

In manchen Familien stellt sich auch heute noch die K-Frage. Katze und Kind? Katze oder Kind? Sobald sich menschlicher Nachwuchs ankündigt, bekommt die werdende Mutter Ratschläge und Warnungen zu hören.

Gruselgeschichten von eifersüchtigen Killermiezen werden erzählt, die sich heimlich ins Kinderbettchen legen, um den Säugling zu ersticken. Oder noch schlimmer: Die Vierbeinerin könnte ja in Rambo-Manier das hilflose Baby anspringen und verletzen. Abgesehen davon, dass wirklich nur sehr wenige Katzen mit Namen Sylvester heißen und Karate können, wird es wohl eher umgekehrt so sein, dass die Samtpfote das Kind fürchten muss. Denn so warmes, weiches Fell und leise Bewegungen üben einen unwiderstehlichen Reiz auf die menschlichen Kleinen aus. Sie möchten dieses lebendige Spielzeug anfassen, streicheln, drücken, festhalten, herumschleppen. Sie patschen und greifen, sie quieken vor Freude. Nichts davon ist für ein Katzentier behaglich und nur sehr ausgeglichene Temperamente unter ihnen ergreifen da nicht die Flucht – wenn sie denn können. Kommt es wirklich zu Unfällen zwischen Kind und Katze, dann sind das klassische Missverständnisse. Die Vierbeinerin fühlt sich belästigt, im Schlaf gestört, bedrängt, kann nicht ausweichen. Und wehrt sich gegen dieses

Kinder verletzen unbewusst alle Spielregeln, wenn sie eine Katze hochheben und sie dabei anstarren.

komische, aufdringliche und respektlose Menschenwesen.

Auch wenn sich eine Katze wirklich zu dem Säugling ins Kinderbett legt, ist das kein Angriff, sondern die Suche nach Wärme und Nähe. Und schließlich geht es ja auch wieder darum, den Familiengeruch herzustellen. Wer also ein harmonisches Miteinander von Kind und Katze möchte, tut gut daran, dem einen Respekt vor dem jeweils anderen beizubringen und nicht unnötige Schranken aufzubauen. Kaum eine Katze wird es verstehen, dass sie, bislang der umschmeichelte Mittelpunkt der Familie, auf einmal überflüssig ist oder abgeschoben wird. Sinnvoller ist es, beide immer unter Aufsicht zusammen zu lassen, so lange bis einer den anderen kennt, akzeptiert und versteht. Dann können Kind und Katze die besten Freunde werden.

Irgendetwas stimmt nicht an der Katzentoilette – das Tier sucht nach einer Alternative.
Was heißt das nur, wenn eine Katze die Toilette meidet?

Das Sofa als Toilettenersatz

Wenn die Besitzerin von Kater Max nur eine halbe Stunde später als gewohnt nach Hause kommt, dann weiß sie eines genau: Er hat es wieder getan. Er hat auf das neue Sofa uriniert. Kein Essigwasser, kein Textilreiniger, keine Plastikfolie halten ihn davon ab, das neue Sofa als Toilette zu benutzen. Warum tut er das nur, was will er damit sagen? Die Antwort scheint schnell gefunden: Er protestiert dagegen, dass sie so spät kommt. Er will ihr zeigen, dass er damit nicht einverstanden ist. Er will seiner Halterin eine Lehre erteilen und sie zwingen, pünktlich zu kommen. Oder etwa doch nicht? Dass Katzen aus Protest urinieren, ist ein weit verbreitetes Märchen, an dem auch viele Jahre der wissenschaftlichen Verhaltensforschung nicht

rütteln konnten. Obwohl die Biologie längst bewiesen hat, dass Katzen eben nicht urinieren, um dem Menschen einen Denkzettel zu erteilen, hält sich dieses größte aller menschlich-kätzischen Missverständnisse ungeheuer hartnäckig – zum Leidwesen der Tiere. Wie viele Katzen schon ihr Zuhause verloren haben, weil sie angeblich aus Protest unsauber geworden sind, ist nicht zu zählen. Als Gründe für Protestverhalten werden gerne genannt: neue Familienmitglieder, neue Möbel, Langeweile, Unterforderung, Unordnung, andere Tiere. Die Liste könnte endlos fortgesetzt werden. Scheinbar protestieren Katzen gegen alles und jedes mit Unsauberkeit.

Was soll es denn sonst sein? Wer sich diese Frage stellt, ist schon auf dem richtigen Weg zum besseren Verständnis seiner Samtpfote. Die Antwort ist meistens: Angst und Verunsicherung. Und noch häufiger: Schmerzen. Unsauberkeit hat viel mit Stress zu tun, gleich ob durch Überforderung oder durch Unterforderung und Langeweile. Es kann ein Zeichen dafür sein, dass das Tier unglücklich ist, leidet und Hilfe braucht, nicht Strafe. Stress aber ist auch einer der klassischen Auslöser für Blasenentzündung bei Katzen. Dann verspürt das ohnehin verängstigte Tier beim Absetzen von Urin einen brennenden Schmerz und bringt beides, Unwohlsein und Toilette, miteinander in Verbindung. Sich da einen anderen Platz zu suchen, ist nur logisch. Und folgerichtig ist es

auch, dass sehr viele Tiere dann warme, weiche, saugfähige Unterlagen bevorzugen, die sie als angenehm empfinden. Wenn die dann noch nach Mensch duften, wie Betten, Sofas, Handtücher, Badewannenvorleger oder Pullover, dann ist das um so besser gegen die Angst. Da Blase und Niere ohnehin zu den Schwachpunkten des Katzenorganismus gehören, leiden viele Tiere unter Problemen mit Harngrieß oder Harnsteinen – auch wenn viele Halter das nicht für möglich halten. »Meine Katze frisst normal und verhält sich normal, sie kann nicht krank sein.« Auch das gehört zu den häufigsten Missverständnissen in der Mensch-Katze-Beziehung. Leider sind die Nachfahren der Afrikanerin Meister im Verbergen von Schmerzen. Auch das ist ein Teil ihres wilden Erbes. Und sie zeigen ihre Schmerzen erst dann, wenn es nicht mehr anders geht, was oft sehr spät, wenn nicht zu spät ist, um zu heilen. Wer seine Katze liebt, wird also bei Unsauberkeit zunächst den Gang zum Tierarzt antreten und den Urin untersuchen lassen. Wenn sich dann keine organischen Ursachen feststellen lassen, ist weitere Ursachenforschung angesagt.

Sicher ist, dass Katzen nicht grundlos unsauber werden. Immer steckt dahinter eine Botschaft, die lauten könnte: »Hilf mir, mit mir stimmt etwas nicht.« Alle Arten von Strafen sind deshalb nicht nur vollkommen sinnlos, sondern absolut kontraproduktiv. Denn eines ist Unsauberkeit nie: Protest gegen den Menschen.

Kapitel 8

Redest Du Bayerisch?
Verstehen und Missverstehen zwischen Artgenossen und anderen Tieren

Denia ist eine vier Jahre alte, liebe und freundliche Katze, die zur Rasse Europäisch Kurzhaar gehört. Ihre Besitzer sind berufstätig und machen sich Sorgen, dass sich Denia alleine zu sehr langweilt.

Und weil sie schon immer für Siamesen mit den stahlblauen Augen geschwärmt haben, holen sie einen jungen Siamkater als Gesellschaft für Denia dazu. Aber diese kann offensichtlich mit dem schlanken, spitzgesichtigen und spitzohrigen Carlo nicht nur nichts anfangen, sie scheint sogar Angst vor ihm zu haben. Wenn er lautstark, wie das nun mal Siamesenart ist, miaut oder übermütig auf sie zuspringt, weil er mit ihr spielen will, ergreift sie die Flucht. Und ihr Gesichtsausdruck scheint zu sagen: Was will dieser Alien bloß von mir?

Ähnliche Erfahrungen haben die Menschen von Kessy gemacht, einer Heiligen Birma. Die kommt zwar blendend mit ihrer Schwester Kira zurecht, aber den zwar noch jungen, dennoch bereits imposanten Norwegerkater Jonas mag sie nicht und verkriecht sich vor ihm. Obwohl doch Jonas ein Kater »Marke sanfter Riese« ist und ihr keines ihrer seidenweichen Haare

Hier tun unterschiedliche Rassen der Liebe keinen Abbruch.

Verstehst Du, was ich sage?

krümmt. Was ist das nur, warum sich diese Katzen so gar nicht verstehen? Sprechen verschiedene Rassen etwa unterschiedliche Dialekte? Hört sich das Miauen der einen so vollkommen anders an, als das der anderen? Und reden die beiden, wenn überhaupt, dann so miteinander, wie ein Bayer mit einem Ostfriesen?

Grundsätzlich ist Katzenkommunikation universell verständlich. Denn sie besteht ja eben aus vielerlei Komponenten, nicht nur der Lautsprache. Und alles zusammen ergibt einen Sinn und eine Botschaft. Deshalb kann es also nicht an Stimmlage oder Ausdruck alleine liegen, wenn es so offensichtliche Verständigungsprobleme gibt. Wahrscheinlicher ist es der Gesamteindruck, der Angst macht. Dazu gehören eben Größe, Körperbau, Gesicht, Augen- und Ohrenform, Schwanz und Fell und nicht zuletzt auch Wesen und Temperament. Natürlich gibt es Freundschaften zwischen Katzen ganz unterschiedlicher Rassen. Aber das sind häufig Bindungen, die schon im jugendlichen Alter zustande gekommen sind. Trifft aber ein erwachsenes Tier, etwa eine Europäisch Kurzhaar, die in ihrem Leben noch nie eine Langhaarkatze gesehen hat, auf eine Perserin oder eine Maine Coon, dann mag es schon sein, dass sie die andere für ein Wesen von einem anderen Stern hält. Denn die Massen von Haaren, die diesen Rassen teilweise angezüchtet wurden, mögen wirken, wie eine körpersprachliche Botschaft, etwa das Breitseitendrohen. Zudem macht die Fellmenge die Tiere breiter, massiger, größer und vielleicht auch respekteinflößender.

»Gleich und gleich gesellt sich gern«, an diesem Spruch ist viel Wahres. Auch Katzen scheinen grundsätzlich das zu bevorzugen, was sie kennen, was ihnen vertraut oder ähnlich ist. Das sind in erster Linie Mutter und Geschwister oder Tiere, die ihnen ähnlich sehen. Oder aber Artgenossen, mit denen sie in der Welpenentwicklung spielerisch positiven Kontakt hatten. Dazu kommt, dass die Selektion und Zuchtwahl, die der Mensch bei Katzen vorgenommen hat, ja nicht nur die Fell- und Augenfarben oder den Körperbau beeinflusst hat. Die Zucht hat auch bestimmte Wesensmerkmale gefördert oder unterdrückt. So stehen etwa die Perser und die Siamesen nicht nur äußerlich an zwei Enden einer völlig entgegengesetzten Entwicklung. Sie sind in der Regel auch in ihrem Temperament sehr unterschiedlich. Gerade die relativ neuen »Exotenrassen« wie Bengalen oder Savannahs, die ja ein wildes Aussehen mit einem freundlichen Charakter vereinbaren sollen, sind oft außerordentlich lebhaft. Ähnlich wie die »Orientalen«, die Thais, Tonkanesen, Orientalisch Kurzhaar, springen und klettern sie gerne, sind verspielt und kaum jemals zu ermüden. Dem gegenüber haben etwa Britisch Kurzhaar, Karthäuser oder Maine Coons ein ruhigeres Naturell. Und wer auf Harmonie in seiner Katzentruppe bedacht ist, sollte das bedenken, denn es macht das Verstehen und Zusammenleben einfacher.

Missverständnisse bei der Zusammenführung

Gut gemeint? Ja. Gut gemacht? Leider nein. Das gilt häufig, wenn der Mensch seiner Katze Gesellschaft oder einen Spielkameraden bieten will. »Ich dachte, sie würde sich freuen«, heißt es dann oft. Leider aber werden aus Samtpfötchen oft kreischende Furien, wenn es darum geht, einem Neuankömmling der eigenen Art

Katzen akzeptieren etwas Fremdes am leichtesten in jugendlichem Alter.

»Geh weg, Du riechst komisch.« Nach dem Tierarztbesuch kommt es öfter zu Missverständnissen.

deutlich klar zu machen, dass er nicht erwünscht ist. Dabei gibt es auch hier einfach nur viele Missverständnisse. Wer würde es schon schön finden, wenn bei ihm ungefragt ein neuer Mitbewohner einzieht, mit dem nun alles geteilt werden muss? Und der auch noch komisch aussieht, fremd riecht und seltsam redet? Wer zwei völlig fremde Tiere aufeinanderprallen lässt, vermehrt nur den Stress, den beide Seiten verspüren. Die neue Katze, verängstigt vom Transport, dem Korb, der neuen Umgebung, den fremden Menschen, braucht erst einmal einen Rückzugsort und die Möglichkeit, alles in Ruhe zu erkunden. Die Revierinhaberin sollte den Geruch der anderen aufnehmen, etwa über Körbchen oder Decken. Dabei kann sie sich mit dem Gedanken vertraut machen, dass da eine Artgenossin ist. Und erst danach kann es zum persönlichen Kennenlernen kommen. Wobei Phero-

mone, Hunger, Lieblingsfutter und Spielzeug erheblich zur Entspannung beitragen und dazu, dass aus der ersten Begegnung nicht gleich eine tiefe Abneigung entsteht. Denn fliegen gleich beim ersten Aufeinandertreffen die Fellbüschel, ist es später umso schwieriger, den Frieden auf Dauer wieder herzustellen.

Vertraut und doch so fremd?

Kätzin Sunny muss wegen einer kleineren Operation zum Tierarzt. Nicht genug, dass sie deswegen ohnehin schon Angst und Schmerzen aushalten muss. Bei ihrer Heimkehr wird sie von der eigenen Schwester böse attackiert. Janie faucht, knurrt, plustert sich auf – sehr zum Schrecken und völligen Unverständnis von Sunny. Die bekommt es mit der Angst zu tun und flieht auf den Kleiderschrank. Was soll das nur? Warum werden aus Schwestern und guten Freundinnen plötzlich Feindinnen? Warum verhält sich Janie so, als ob sie Sunny nicht wiedererkennen und für eine fremde Katze halten würde? Solche Erfahrungen machen viele Katzenhalter, wenn sie mit einer behandelten Katze aus der Klinik oder der Tierarztpraxis nach Hause kommen. Das ohnehin schon leidende Tier wird noch mehr zum Opfer und scheinbar ohne jede Veranlassung angegriffen. Der Grund liegt im Geruch. Katzen, die einen völlig fremden Duft mitbringen, werden offensichtlich von Artgenossen nicht mehr als vertraut erkannt. Oder genauer: Dieser fremde Geruch, vor allem, wenn er Krankheit und Schmerzen bedeutet, macht dem anderen Tier große Angst. Denn er signalisiert Gefahr. Das jedenfalls sagt der Instinkt einer Katze, die sich daraufhin entweder abwendet oder sogar aggressiv reagiert, um die vermeintliche Gefahr möglichst weit von sich fern zu halten. Verhalten, das uns als mitleidlos erscheint und das betroffene Tier meist nur noch mehr verstört, ist im Grunde nichts anderes, als ein Überlebensinstinkt.

Zwei wie Hund und Katze

Trienchen ist schon zehn Jahre alt, als die Hündin Jolie mit einem dreiviertel Jahr in die Familie kommt. Ihre Besitzer haben keine Bedenken, denn Trienchen ist eine hundeerfahrene Kätzin, die jahrelang mit ihrem Kumpel Bilbo friedlich zusammengelebt hat. Aber zwischen Trienchen und Jolie schient die Chemie nicht zu stimmen. Und da ist sie wieder, die Situation, in der zwei zusammenleben wie »Hund und Katze«. Wenn Jolie kommt, tritt Trienchen den Rückzug an – und das immer häufiger. Warum leben die beiden liebsten Haustiere der Deutschen oft so

Junger Hund und junge Katze: So lernt einer die Sprache des Anderen verstehen.

schlecht und manchmal so überraschend gut miteinander? Zunächst haben beide ein völlig unterschiedliches Sozialverhalten. Da trifft das Rudelwesen Hund auf die eher solitär lebende Katze. Dann haben beide eine recht unterschiedliche Körpersprache, die schnell zu Missverständnissen führen kann. Das gilt etwa für den Blickkontakt, das Pfote heben und mit dem Schwanz wedeln. Was bei dem Hund ein Be-

Liebe ohne Grenzen.

schwichtigungssignal ist, das Zeigen des Bauches, das ist für die Katze eine Kampfposition. Was beim Hund Freude bedeutet, das Schwanzwedeln, ist bei der Katze nur ein Zeichen von Anspannung. Last but not least spielt aber auch die Größe eine Rolle. Je größer der Hund, desto eher findet sich die Katze in der Position des Beutetieres wieder. Und ein wilder, junger, ungestümer, lauter, tollpatschiger Hund wie Jolie kann einer ruhigeren Katzenseniorin schon Angst machen. Wie aber gelingt es, Harmonie zwischen den beiden Vierbeinern herzustellen und für ein friedliches Verstehen zu sorgen? Am einfachsten ist es immer, wenn

zwei Tierkinder unbefangen zusammen spielen und dabei lernen, den Anderen und seine Wünsche zu verstehen und zu respektieren. Auseinandersetzungen bleiben spielerisch und Grenzen werden ausgetestet. Schwieriger wird es, wenn eine Katzenseniorin auf einen jungen Hund trifft. Ältere Tiere können sich nur langsam auf Veränderungen einstellen. Wenn die Mieze bislang noch gar keine Erfahrungen mit Hunden gemacht hat, könnte es schwierig werden. Das gilt genauso für einen älteren Hund und eine junge Katze, es sei denn, einer oder beide haben bereits Erfahrungen mit der anderen Spezies gemacht.

Alles nur eine Frage der Gelassenheit.

Grundsätzlich kommt bei allen diesen Konstellationen dem Menschen eine Vermittlerrolle zu. Er sollte darauf achten, dass jedes der beiden Tiere ein eigenes Refugium hat, eigene Plätze, Näpfe, Körbchen, Decken. Und vor allem eigene Zuwendung, damit keine Eifersucht aufkommt. Dann lässt sich zumindest erreichen, dass häuslicher Frieden herrscht, auch wenn beide draußen noch immer getrennte Wege gehen.

»So manches haben wir ja gemeinsam. Kennenlernen bei erwachsenen Tieren wird schwieriger.«

Verstehen über alle Grenzen

Mäuschen und Muschi sind weltberühmt geworden. Denn die riesige Kragenbärin und die kleine schwarze Katze stehen für ungewöhnliche Tierfreundschaften. Muschi tauchte vor vielen Jahren ausgerechnet im Gehege der Bärin im Berliner Zoo auf und blieb für immer. Selbst nach langen Jahren der Freundschaft stockt den Besuchern der Atem, wenn Muschi zwischen den Tatzen der alten Bärin schläft oder mit ihr kuschelt. Ein Tatzenhieb von Mäuschen könnte Muschi in den Katzenhimmel befördern. Stattdessen scheinen sich die beiden abgöttisch zu lieben. Solche artübergreifenden Freundschaften erstaunen und berühren, vor allem, wenn sie das Verhältnis

Freundschaft ist gut, Kontrolle auch.

men, indem er verschiedene Tierarten außerhalb ihres eigentlichen Lebensraumes zusammengebracht hat. Und wenn er, was noch wichtiger ist, sie füttert und versorgt, damit der tägliche Kampf um das Futter und damit um das Überleben wegfällt.

Wenn dann beide Tiere im besten Fall jung aufeinandertreffen, kann es zu erstaunlich engen Beziehungen kommen. Aber gilt das auch für Katzen und Vögel oder Katzen und Kleintiere wie Mäuse, Hamster, Meerschweinchen oder Kaninchen? Es gibt Berichte über solch ungewöhnliche Freundschaften. Aber die kleinen Nager passen leider viel zu gut in das Beuteschema der Jägerin. Und wenn sie sich bewegen oder gar weglaufen, setzt das eigentlich immer den Beuteinstinkt des Katzentieres in Gang. Dann aber haben die Kleintiere keine Chance. Anders als bei Hund und Katze sind hier die Rollen sehr klar verteilt. Eine Katze mag sich vielleicht mit Mut und Geschick und mit der Hilfe ihrer körpereigenen Waffen gegen einen Hund durchsetzen können. Ein Meerschweinchen hat aber keine echte Chance gegen eine Katze.

Deshalb: Freundschaft ist gut, Kontrolle ist besser. Kleintiere gehören niemals unbeaufsichtigt in die Nähe einer Katze, schon gar nicht, wenn sie gerade Hunger hat. Denn selbst, wenn Mieze nur spielen will, sorgt das Belauern und Anstarren durch den Fressfeind für erheblichen Stress bei den kleinen Nagern.

von Jäger und Beute auf den Kopf zu stellen scheinen. Dabei gibt es immer wieder Beispiele, in denen zwei »Erbfeinde« friedlich und in Freundschaft zusammenleben. Trotz aller Unterschiede in der Sprache scheinen sie sich verstehen zu können. Oft hat dabei der Mensch eine entscheidende Rolle eingenom-

 *Wie Hund und Katz ...*  *oder einträchtige Harmonie?*

Kapitel 9

Schnellkurs Etikette:
So reden Sie richtig kätzisch

»Warum sind eigentlich immer alle vier Katzen verschwunden, wenn wir kommen?« Kaum klingelt es heftig an der Tür und es betritt die liebe Verwandtschaft, zwei Erwachsene und drei temperamentvolle Kinder, das Haus, haben alle Miezen schleunigst das Weite gesucht.

Denn lautstarke Begrüßung und viel Wirbel ist ihre Sache nicht.

Tatsächlich sind Katzen wahre »Leisetreter«.

Katzenkinder: alles weich, leise und niedlich.

Zartes Miauen, Gehen und Schleichen auf leisen Sohlen, unhörbare, geschmeidige Bewegungen, stille Eleganz, das bringen wir mit Katzen in Verbindung. Da ist nichts, was laut oder aufdringlich wäre. Dazu passt, dass sie auch sehr gut hören – um ein Mehrfaches besser als wir Menschen und in anderen Frequenzbereichen. Die pelzigen Jäger können die sehr beweglichen Ohren einzeln wie Schalltrichter in alle Richtungen drehen und sich ganz auf ein Geräusch konzentrieren. Das ermöglicht ihnen, das Rascheln der Maus im Laub oder deren zartes Piepen wahrzunehmen, das uns gänzlich verborgen bleibt.

Ob wir ganz unbewusst auch meistens leise mit unseren Katzen sprechen, weil wir »leise« mit ihrem ganzen Wesen assoziieren?

Richtig und höflich ist es jedenfalls, eine Samtpfote nicht übermäßig laut anzusprechen, denn sie hört und versteht uns ja ohnehin – wenn sie denn will. Fröhliche Menschen mit viel Temperament oder einfach einer lauten Stimme wundern sich manchmal, warum die Katze sich so abwartend und skeptisch ihnen gegenüber verhält – aber große Lautstärke ist einem Wesen mit sensiblen Ohren unangenehm.

Dieses Wissen kann sich der Mensch bei der Erziehung seiner Hausgenossin und im täglichen Umgang mit ihr durchaus zunutze machen. Viele Menschen verfallen, sobald sie mit einem Tier reden, in eine Art sanfte gedämpfte Babysprache, in der sie auch ihr Entzücken über Kinder zum Ausdruck bringen. Und dabei heben sie nicht nur automatisch die Stimme an. Sie benutzen auch viel »ei« und »ie« wie in »fein« und »lieb« und »niedlich«. Die Katze erkennt, so scheint es, automatisch, dass hier Zuwendung und Freude gemeint sind, ohne natürlich die Bedeutung der Worte wirklich zu verstehen.

Samtpfoten verstehen gut – wenn sie denn wollen.

Aber klar ist, wer leise und freundlich spricht und dabei die Stimme eher hebt, der meint es gut. Umgekehrt kann, wer verbieten, rügen, kritisieren will, die Stimme bewusst in der Tonlage senken und laute, tiefe, kurze Kommandos geben. Auch das versteht der Minitiger.

Katzennamen mit »i«?

Wie heißt die Katze? Richtig, Mieze. Und zwar lang und gedehnt gesprochen. Angeblich hören die Tiere auf den Laut »i« besonders, deshalb gibt es wohl so viele Katzennamen, die darauf enden. Ob Miezi, Micky, Mausi, Bärli, Blacky, Snowy, Jeany, Flimpi, Timmi oder Tommy, die Liste ist unendlich lang. Ob die Tiere wirklich auf diesen hellsten und höchsten unserer Vokale besonders hören, das ist und bleibt wohl Spekulation. Und wahrscheinlich hat es mehr damit zu tun, dass wir, wenn wir etwas verniedlichen, es mit Namen bedenken, die auf »i« enden – wie bei Mausi oder Bärli.

Die drei Namen der Katze

In einem Gedicht des Schriftsteller T. S. Eliot heißt es, jede Katze habe drei Namen: einen trivialen Rufnamen, den wir Menschen ihr geben. Dann einen besonders schönen und seltenen Namen. Und als drittes einen Namen, den nur die Katze selbst kennt. Wer das glaubt, kann seine Katze ruhig Miezi nennen, denn in Wirklichkeit heißt sie wahrscheinlich Angelina, Belladonna, Paloma, Maddalina, Coretta, Augustus, Tyson oder Platon.

Reden Sie sanft mit Ihrer Samtpfote.

Tatsächlich lernen die Tiere auf den Namen zu reagieren, den wir ihnen geben, jedenfalls meistens und wenn es einen Vorteil verspricht, darauf zu hören. Das hat damit zu tun, dass wir, bewusst oder unbewusst, den Namen häufig verwenden, wenn wir die Aufmerksamkeit unserer Katze auf uns lenken wollen. Und dass wir dafür eine Belohnung vergeben – in Form von Zuwendung oder Futter. So weiß das Tier mit einiger Übung, dass es gemeint ist und wendet sich uns zu – wenn nicht irgendwo gerade etwas Interessanteres zu sehen und zu hören ist. Ihre Katze reagiert aber partout nicht, wenn Sie rufen? Tja, dann

Micki, Dicki, Timmi, Tommi, Mausi: Hören unsere Katzen besser auf Namen mit »i«?

haben Sie entweder ein besonders schlaues und unabhängiges Tier, das seinerseits Verhaltensforschung studiert hat und auf billige Tricks nicht hereinfällt. Oder Sie legen nicht genug Lockung in den Ruf. Oder Sie beide haben ganz einfach unterschiedliche Prioritäten im Leben.

Vielen Dank für das nette Präsent

»Igitt«. Wie oft mögen unsere vierbeinigen Hausgenossen diesen Laut wohl schon gehört haben? Und wenn er auch noch so viele »i« enthält, lobend oder erfreut ist er nicht gemeint. Denn er ist meist eine spontane Reaktion auf eine Begegnung mit einer dritten Art. Einer toten oder halbtoten Art, um genau zu sein, die wahlweise auf dem hellen Wohnzimmerteppich oder vor dem Bett abgelegt wurde. Je nach Alter, Erfahrung und Jagdtrieb bringen Katzen gerne Geschenke mit nach Hause, seien es Vögel, Mäuse oder Ratten. Alle gehören zu den Beutetieren und sichern eigentlich das Überleben einer Katze. Dass sie diese Tiere nicht frisst, sondern mitbringt, hat nicht nur mit fehlendem Hunger zu tun, sondern auch mit einer Art Mutterinstinkt. Denn das Heimtragen der Beute ist das, was auch eine Katzenmutter für ihre Jungen tut. Und wessen Katze den Großmut besitzt, das allergrößte der Geschenke, nämlich Beute, uneigennützig herzugeben, der sollte sich gefälligst freuen.

Auch wenn es noch so schwer fällt: Loben Sie mit erhobener Stimme und geben Sie Zuwendung für die wirklich gut gemeinte Tat. Sie bedeutet nichts anderes, als dass Ihre Katze Sie wohlversorgt wissen möchte. Kann Katzenliebe schöner ausgedrückt werden? Na also, entsorgen Sie das, was da auf dem Fußboden liegt, einfach still und heimlich, sonst frustrieren Sie Ihre Mitbewohnerin zutiefst.

Miezi? In Wirklichkeit heiße ich Belinda.

Verbale Erziehung

»Das hat er wirklich noch nie gemacht.« Toby darf nicht auf den Esstisch. Und das weiß er auch – theoretisch. Und warum er gerade jetzt mitten darauf sitzt und die Sahne von der Torte ableckt, wo es der eben hereinkommende Besuch sehen kann? Na klar, weil Neugier und Hunger größer waren als das Verbot. Wer den Glauben an die Erziehbarkeit seiner Katze noch nicht aufgegeben hat und sein Gesicht vor dem Besuch wahren will, der sollte jetzt keine langen, sanften Strafpredigten halten. Schon gar nicht frei nach dem Motto: »Aber, aber, das tut doch eine brave Katze nicht.« Denn der Tonfall ist dabei neutral bis freundlich, wird also höchstens als Ermunterung und Belobigung angesehen.

Leider sind Katzen bei verbalen Ermahnungen unsererseits ja erstaunlich schwerhörig. Wenn überhaupt, dann macht es in einer solchen Situation nur Sinn, schnell und entschlossen zu handeln. Also, Stimme senken und kurzes, eindeutig abschreckendes Signal geben: »Nein« oder »runter«. Je kürzer und je einprägsamer, um so eher wird es gelernt. Wobei alle Familienmitglieder nach Möglichkeit immer das gleiche Signal verwenden sollten. Denn das beschleunigt das Lernen.

Ähnliches gilt, wenn die Samtpfote Krallen oder Zähne zeigt, ob nun im Eifer des Spiels oder aus wirklichem Unmut. Hier wirkt kein langes Schimpfen, sondern besser ein kurzer eindeutiger Schmerz- und Abschreckungslaut, wie »Au«. Und dann das sofortige Abbrechen der Situation, etwa dadurch, dass Sie den Körper abwenden oder den Raum ganz verlassen.

Ein Geschenk Ihrer Katze, wenn auch nicht immer willkommen.

Die hohe Kunst: Fauchen Sie mal

Wenn Sie dieses Buch gelesen haben, dann sind Sie fit in Katzenkommunikation und können eigentlich auch auf Kätzisch mit Ihrem Minitiger reden. Zugegeben, es wird Ihnen vermutlich etwas schwerfallen, zu schnurren. Auch das Gurren und Schnattern verlangt wirklich langjährige Übung und mancher schafft es nie. Dass Sie nachts schrill kreischen, das mag theoretisch machbar sein, würde Ihnen aber den Ärger der Nachbarn einhandeln. Auch das Spucken wird unter den Zweibeinern als unfein angesehen.

Zwar versucht sich so mancher unter uns am Naheliegendsten, dem Miauen, aber die meisten Versuche ernten doch nur völlig konsternierte Blicke seitens der Katze. Was bleibt also übrig aus der großen Palette der Verständigung? Gar nicht mal so wenig.
So können wir, statt unsere Katze unhöflich anzustarren, durchaus bewusst den Kopf abwenden, langsam und lässig hin- und herdrehen und dabei die Augen schließen. Oder wir lächeln auf Katzen-, statt auf Menschenart und blinzeln sehr betont die Katze an. Und nicht zu-

oder im Sessel einfach unseren Kopf hinhalten. Meist stupst die Samtpfote von alleine mit ihrem Kopf dagegen und daraus entwickelt sich ein freundliches Ritual, das die gegenseitige Zuneigung vertieft.

Wenn auch das Meiste aus der Palette der Aggressions- und Abwehrlaute für uns mangels Talent nicht infrage kommt, eines können wir doch vergleichsweise gut: Fauchen. Das stimm- lose »chchchchch«, auch wenn es vielleicht eher klingt wie ein gezischtes »schhhh« ist einfach ein artübergreifend verständlicher Warnlaut. Und wer es schafft, dabei die Zähne zu zeigen und einen Luftstrom auszustoßen, der verschafft sich Gehör und Geltung. Wen das überfordert, der kann aber wenigstens seinem Tier ins Gesicht pusten, je heftiger, umso besser. Auch das ist übrigens eine hilfreiche Reaktion, um die Hand von Pfoten und Krallen zu befreien.

letzt wirkt ja auch das bewusste Gähnen stimmungsübertragend, entspannend und signalisiert friedlich-freundliche Absichten. Köpfchen geben, um Sympathie zu bekunden, das können auch wir Menschen. Zum Beispiel, indem wir der Katze beim Schmusen auf dem Sofa

Freundlich ist, sich zu seiner Katze hinunter zu beugen und sie erst einmal an den Händen schnuppern zu lassen.

Besser nicht von hinten nach dem Tier greifen, das gilt als sehr unhöflich.

Reden mit der Körpersprache

Da Katzen nicht nur über Laut-, sondern auch über Körpersprache kommunizieren, ist dieser Verständigungskanal auch im Zusammenleben mit anderen Wesen für sie enorm wichtig. So beobachten uns unsere pelzigen Mitbewohner viel mehr als wir denken. Und sie ziehen ihre Rückschlüsse genauso aus dem, wie wir etwas sagen, wie aus dem, wie wir uns halten und bewegen. Das führt oft zu den schon beschriebenen Missverständnissen zwischen Kindern und Samtpfoten.

Die Erlaubnis zum Schmusen wurde erteilt, jetzt darf gestreichelt werden.

Denn alles, was auf eine Katze zugeht, zurollt, zurobbt, zukrabbelt, ohne die nötige Distanz zu wahren, ist eine potenzielle Gefahr. Auch ein Bruch der Etikette ist es, sich von oben auf das Tier hinunterzubeugen und dabei womöglich noch von hinten nach ihm zu greifen. Auch ungefragt auf den Kopf getätschelt oder am Schwanz gezogen zu werden, mag kaum eine Katze. Wer freundlichen Kontakt aufnehmen möchte, sollte sich auf die Ebene seiner Gesprächspartnerin begeben, sich also bücken oder hinhocken. Und dabei dem Tier Gelegenheit geben, sich ein Bild von einem zu machen. Zum Beispiel, indem man die geöffnete Hand vorstreckt und die Katze daran schnuppern lässt. Stupst sie dagegen oder schnurrt freundlich, dann darf in der Regel sanft unter dem Kinn gestreichelt werden. Und ist das Eis vollends gebrochen, dann gibt die Samtpfote auch die Erlaubnis, sie am Rücken zu streicheln.

GABRIELE MÜLLER ist Tierpsychologin und als bekennender Katzenfan auch auf das Verhalten von Samtpfoten spezialisiert.

Gemeinsam mit einer Kollegin betreibt sie die Beratungsstelle Vierpfotenprofis – natürlich unter miauender Mitwirkung von insgesamt fünf eigenen Samtpfoten und zwei Hunden. Die Journalistin ist bekannt durch Auftritte in verschiedenen TV-Sendungen und veröffentlicht in diversen Medien häufig zu Tierthemen aller Art. Sie ist seit vielen Jahren im Tierschutz engagiert und Vorstandsmitglied eines Tierschutzvereins, zudem hält sie Vorträge und Seminare zu Verhaltensproblemen von Katzen.

Haben Sie Fragen?
www.vierpfotenprofis.de

Die neue Ratgeberreihe
für alle Katzenliebhaber

Jedes Buch mit 96 Seiten,
ca. 80 Abb., broschiert,
je € 9,95/sFr 18,90/€(A) 10,30

Willkommen Katze
Nina Ernst
Alles über Haltung, Pflege & Gesundheit
ISBN 978-3-275-01781-2

Zufriedene Stubentiger
Nina Ernst
Wohnungskatzen richtig halten
ISBN 978-3-275-01760-7

Miau Katzensprache richtig deuten
Gabriele Müller
ISBN 978-3-275-01782-9

happy cats

Unsere Erfolgsreihen auf einen Blick

Die Reitschule
Urte Biallas, **Bodenarbeit**, ISBN 978-3-275-01708-9
Kerstin Diacont, **Grundkurs Sitz und Hilfen**, ISBN 978-3-275-01707-2
Kerstin Diacont, **Dressur für Fortgeschrittene**, ISBN 978-3-275-01749-2
Angelika Schmelzer, **Pferde erziehen**, ISBN 978-3-275-01709-6
Angelika Schmelzer, **Reiten im Gelände**, ISBN 978-3-275-01748-5
Britta Schön, **Hufschlagfiguren und Lektionen E bis A**, ISBN 978-3-275-01728-7
Britta Schön, **Mein erster Turnierstart**, ISBN 978-3-275-01777-5
Sigrid Weppelmann/Sandra Mensmann, **Longieren**, ISBN 978 3 275-01727-0
Sigrid Weppelmann, **Basispass Pferdekunde**, ISBN 978-3-275-01750-8
Inga Wolframm, **Angstfrei reiten**, ISBN 978-3-275-01729-4
Inga Wolframm, **Springen für Einsteiger**, ISBN 978-3-275-01776-8

Die Hundeschule
Annegret Bangert, **Begleithundprüfung**, ISBN 978-3-275-01779-9
Ann-Sophie Griebel, **Clicker-Training**, ISBN 978-3-275-01714-0
Micaela Köppel, **Spiel und Spaß für jeden Tag**, ISBN 978-3-275-01732-4
Petra Krivy/Ann-Sophie Griebel, **Ein Hund aus zweiter Hand**, ISBN 978-3-275-01780-5
Petra Krivy/Angelika Lanzerath, **Was ein Welpe lernen muss**, ISBN 978-3-275-01689-1
Petra Krivy/Angelika Lanzerath, **Hunde verstehen**, ISBN 978-3-275-01756-0
Petra Krivy/Angelika Lanzerath, **Einfach gut erzogen**, ISBN 978-3-275-01731-7
Petra Krivy/Angelika Lanzerath, **So geht's nicht weiter**, ISBN 978-3-275-01713-3
Uta Reichenbach/Tanja Sinner, **Agility**, ISBN 978-3-275-01660-0
Uta Reichenbach/Gabriele Lehari, **Sinnvolle Beschäftigung**, ISBN 978-3-275-01645-7
Monika Schaal/Ursula Breuer, **Komm zu mir!**, ISBN 978-3-275-01623-5
Monika Schaal/Ursula Daugschieß-Thumm, **Lockere Leine**, ISBN 978-3-275-01621-1
Julia Schuster/Jochen Schleicher, **Dog Frisbee**, ISBN 978-3-275-01755-3
Beate Schwarz, **Dummy-Training**, ISBN 978-3-275-01690-7
Manuela van Schewick, **Apportieren mit Spaß**, ISBN 978-3-275-01754-6
Christiane Wergowski, **Alleine bleiben**, ISBN 978-3-275-01659-4

happy cats
Nina Ernst, **Willkommen Katze**, ISBN 978-3-275-01781-2
Nina Ernst, **Zufriedene Stubentiger**, ISBN 978-3-275-01760-7
Gabriele Müller, **Miau – Katzensprache richtig deuten**, ISBN 978-3-275-01782-9

Jedes Buch mit 96 Seiten,
ca. 80 Abb., broschiert,
je € 9,95/sFr 18,90/€(A) 10,30